你不能等到
生活不再艰难了，
才决定开始快乐

徐多多——著

图书在版编目（CIP）数据

你不能等到生活不再艰难了，才决定开始快乐 / 徐多多著 . -- 北京：新世界出版社，2022.6
ISBN 978-7-5104-7473-6

Ⅰ . ①你… Ⅱ . ①徐… Ⅲ . ①快乐—通俗读物 Ⅳ . ① B842.6-49

中国版本图书馆 CIP 数据核字（2022）第 031963 号

你不能等到生活不再艰难了，才决定开始快乐

作　　者：	徐多多
责任编辑：	秦彦杰
责任校对：	宣　慧
责任印制：	王宝根　苏爱玲
出　　版：	新世界出版社
网　　址：	http://www.nwp.com.cn
社　　址：	北京西城区百万庄大街 24 号（100037）
发 行 部：	（010）6899 5968（电话）　（010）6899 0635（电话）
总 编 室：	（010）6899 5424（电话）　（010）6832 6679（传真）
版 权 部：	+8610 6899 6306（电话）　nwpcd@sina.com（电邮）
印　　刷：	辽宁虎驰科技传媒有限公司
经　　销：	新华书店
开　　本：	880mm×1230mm　1/32　尺寸：145mm×210mm
字　　数：	200 千字　印张：8
版　　次：	2022 年 6 月第 1 版　2022 年 6 月第 1 次印刷
书　　号：	ISBN 978-7-5104-7473-6
定　　价：	49.00 元

版权所有，侵权必究
凡购本社图书，如有缺页、倒页、脱页等印装错误，可随时退换。
客服电话：（010）6899 8638

我们是来这个世界上享受爱和被爱的,

是来看一年四季最美丽的风景的,是来看春风温柔抚摸树叶的,

不要因为一点不快乐就灰心。

那些难过啊,悲伤啊,不快乐啊,

都只是为了这些风景花费的小小门票钱而已。

被小事感动的能力,是一种很厉害的能力。

这时候快乐是很单纯的,就像小时候的那种纯粹的快乐一样。

拥有这种能力,人才不会被世俗腐蚀,

才会拥有明亮的眼睛和透亮的心。

Preface

前言

我们所在的，
是一个很好的人间

人类很奇怪，快乐时，世界一点问题都没有；不快乐时，这个世界就是一本《十万个为什么》。

为什么一旦得到某样东西，就会忘记当初趴在橱窗上看它的心情？

为什么认识的人越来越多，孤独却越来越深？

为什么事情不顺时能保持清醒，而一旦变得顺利，好像总能在最后一刻发挥自己搞砸一切的能力？

你小心翼翼地观察世界，就算风平浪静也会焦虑："这是不是暴风雨来临前的平静？"

你热情洋溢地加入每一个群聊，最后总是设置成"消息免打扰"。你搞不清楚自己是擅长把人推开，还是擅长留不住任何人。看似把爱看得很淡，好像得到和失去都不要紧，实际上呢，你是一个会为爱心碎一万次的小笨蛋。

对讨厌的事不敢说讨厌，对喜欢的事也总是偷偷摸摸。嘴上笑

等你终于遇到这个人,喜欢,就会变成一件没有语法的事。

"你走路的样子真好听" "你说话的声音真好看"

"你安静的模样真好闻" "你咯咯的笑声真好吃"。

呵呵地说着"我很好",心里有个声音却在反复提醒你"我很糟"。

我感觉你状态不对,想拉你一把。

折磨你的从来不是别人,而是你总揪住那些小瑕疵、小遗憾、小迷糊和坏情绪不放。世间万物都在治愈你,唯独你自己不肯放过自己。

人无法丢掉自己,因此自暴自弃无济于事。不必因眼前的困顿黯然失色,要让日后的丰沛来为你上色。

不要拧巴、不要纠结、不要内耗,要大大方方的,想到什么就尽快去做会快乐很多,哪怕结局不如意。

购物车里的宝贝可能明天就下架,想去的那家饮品店或许后天就关门,这一秒的夕阳你不抬头就永远错过,八岁时最想要的玩具长大后就不想玩了,二十五岁再买十五岁时喜欢的裙子,已经不喜欢了。
很多事没有来日方长,你要现在就快乐。

强烈的痛苦和欢愉都是暂时的,真正给你力量的恰恰只是一小撮快乐。它会像蒲公英的种子一样轻轻落下,落在一顿晚饭上,落在一杯咖啡里,落在爱人的肩头。

要保持因生活细碎而满足的能力,比如刚刚好赶上的公交车,新鲜出炉的蛋挞,看到让人笑喷的段子,很热的天气喝到冰得要命的汽水,街角的咖啡店突然放了自己最喜欢的歌,周末晚上躺在沙发上看电影,好朋友事无巨细的问候,忙碌一天准时下班看到的夕

当你心情不好时,你不必着急去吃喝玩乐,
表现出什么事都没有发生的样子,你只需要告诉自己:
我可以难过,我可以忧伤,我可以委屈,我可以愤怒,
我可以孤独,我可以焦虑,我可以抱怨,我可以指责,
我可以讨好,我可以躺平,我可以……

阳……这些看似鸡零狗碎的生活碎片,却是通向快乐星球的秘密通道。

你必须积攒这些微小的期待和快乐,这样才不会被遥不可及的梦和无法掌控的爱给拖垮。

人生苦短,请停止与自己作对。悄悄告诉你:"你已经做得很好了。"

你呀,不要眼眶一红,就觉得人间不值得,那只是一时情绪上头。千万不能因为突然出现的一点点坏消息,就把所有好心情全都扔掉,这样实在划不来。

你呀,别让焦虑同化了梦想,别让拖延氧化了热爱,别让世故老化了童心。要做人间小饼干,干干脆脆,可盐可甜,还不掉渣。

你呀,总是看到自己身上的小瑕疵,然后失落、自卑,可你别忘了,你也闪闪发光,也温柔,也可爱,也在努力并一定会成为更好的人。

你呀,不要总有那种"我不好""我不值得""我不配"的想法,久而久之连很多本该属于自己的东西都会离你而去,要学会多跟自己说"我很好""我值得""我顶配"。

并不会诸事皆顺,但没关系,笑永远是生活的解药,你的快乐价值百万。

这个世界的运行速度快得过火,你也没有理由一直活在不开心里。

你的小小笨拙里藏着很多的真诚和可爱,也许敏感和别扭,却也善良和勇敢;你有小小的脾气和缺点,却也是一个鲜活和值得爱的人，请一定要继续做最特别和最可爱的那一个。

一些小美好，正在井然有序地发生。

把日子过好，需要一条雀跃的狗尾巴和一小撮快乐，一块糖和一勺调皮，一朵牵牛花和一两可爱，一座沙堡和一份天真，一个火花和一些勇气，如此，竟然也十全十美了。

你看，我们所在的，是一个很好的人间。

记住生活中这些好极了、棒呆了、太酷了的瞬间，在难熬的时候，用它们来回击每一个糟透了、弱爆了、太逊了的时刻。

人要先感到幸福，才能看到玫瑰。

当你对这世间有所眷恋、有所庆幸、有深刻的感情，还有许多幸福的瞬间，这就是一个成功的人生。

温柔会发生，生活在继续，你会被托起，也会被治愈。

徐多多

2022 年 1 月于沈阳

有时候,我觉得自己是一只瓶子,
大多数时候我满着,偶尔只想空着。

有的人喜欢你，是因为你漂亮、你好看，
会说好听的话，有趣、好玩，多功能，这些喜欢都暗含着很多期望；
而有的人喜欢你，是看见你哭和狼狈，知道你辛苦和不易，
允许你不美又不乖，还想把肩膀和糖果都塞给你。

Contents

目录

001　快乐就像一只狗的尾巴

016　你一定在未来某人的心尖尖上

028　阴天和晴天都很可爱，你也一样

040　你向往的小日子，需要一点点用心和热爱

050　你要快乐，不必正常

062　有时不是生活不够甜，而是它不如你想象的那么甜

074　人生是一场漫长的自娱自乐

086　为什么我们都是双下巴呢？因为一个下巴太孤单了

096　我不是喜欢熬夜，我是舍不得睡

106　你总是喜欢别人的生活，能不能偶尔也喜欢一下自己啊

118	偶尔向生活请个假,今天要做个快乐的"废物"
128	你要成为一个发光的人,而不是仅仅被照亮
138	天真永不消逝,浪漫至死不渝
148	任何值得做的事,再糟糕也值得做
158	生活是在一堆碎玻璃碴子里找糖
168	人生不如意时"切"一声就好了,因为一切都会过去的
178	虽然前方拥堵,但您仍在最优路线上
190	在人类所有的美德中,勇敢是最稀缺的
202	逃避虽然可耻,但是有用
212	心怀浪漫宇宙,也珍惜人间日常
222	为了想要的生活,要努力呀
232	今天已经溜走了,坏情绪不要带进梦里

接下来会有很好的事情发生,好到超出预期。
你要坚信,等过了这个坎,一切都会变好的,
超好,爆好,非常好,天天好,永远好,无敌好。
今天,同样走了很远路的你,值得叉着腰大喊一句:
人生是不会完蛋的。

幸福不是遥不可及的憧憬，也不是等待打钩的待办事项。
幸福是当下手里已经攥紧的棒棒糖，
仔细端详，抿一口，感受那种甜，然后像五岁时那样笑。

快乐就像
一只狗的尾巴

我们是来这个世界上享受爱和被爱的,

是来看一年四季最美丽的风景的,是来看春风温柔抚摸树叶的,

不要因为一点不快乐就灰心。

那些难过啊,悲伤啊,不快乐啊,

都只是为了这些风景花费的小小门票钱而已。

1

江小小养了一只柴犬，叫江乱跳，为什么叫这个名字呢，因为小狗崽江乱跳刚被抱回家时，一下地就迅速跳到地上的一本日本作家江户川乱步的书上，还摇头晃脑的似乎很开心。

江小小认为这是某种暗示，从此赐名——江乱跳。

本以为它是过度活跃症，没想到是一个胆小鬼。

身处陌生环境，江乱跳很焦虑，吱哇乱叫，还缩头缩脑的到处躲。江小小用毯子把它包起来，抱到怀里轻轻安抚，它才终于安静下来。

当晚，江乱跳以汪界男高音的音量来表达对黑暗的恐惧，江小小只好把它抱到床上，才平静地度过了第一夜。

真正的考验才刚开始，江小小要去上班，刚关上门，就听到里面传来了动物幼崽独有的脆弱又固执的叫声。

她隔着门喊了一声，叫声停了，取而代之的是"咯吱咯吱"的挠门声。她把门打开，江乱跳尾巴差点摇飞了，疯狂围着她转，好像八百年没见似的。

江小小怀疑，从那一刻开始，江乱跳就学会了如何利用自己的尾巴博同情。

下班回来，她故意在门口逗它，江乱跳又是"咯吱咯吱"地一阵挠门。

一开门,它一边摇头晃脑地扑她,一边尿尿,最后因为爪子打滑,一屁股坐在尿里。

江小小一阵哀号,但她是自作自受。在拿湿毛巾给它擦屁股时,江小小忍不住闻了闻,尿味不是很重,更多的是那种毛茸茸、暖烘烘的小奶狗味。

顺利度过了鸡飞狗跳、焦头烂额的铲屎新手期,江小小和江乱跳培养出了深厚的主仆情谊。

江小小的每一根鞋带和每一只鞋后跟都被江乱跳奖励了特殊的狗啃印花,数据线就更别提了,她不配拥有;无论是摸它、抱它、亲它,江小小都会得到热情的舔吻;冬天冷的时候,江乱跳会毫不保留地献出自己温暖的小肚皮,为江小小取暖。

他们感受着同样的忧伤和快乐。

忧伤在于每一天的出门,是每一天。江小小每次出门,江乱跳都可怜巴巴地看着她,有时候会假装跑到沙发上,假装不看她,但落寞的小眼神却出卖了自己。

快乐当然在回家开门的那一瞬间,一般她还没走到门边,江乱跳就会感觉到,就像小时候一样,疯狂挠门。不管一天累成什么样子,每天一打开家门,江乱跳都会摆好飞机耳,摇着尾巴"起飞"扑上来,并向她投来同情的目光,瞬间就能得到治愈。

它的萌点还在于,即使江小小只是到楼下倒个垃圾,回家时仍然会得到"你终于回来了！你怎么去那么久？我一直在等你，我好想你！"等级的欢迎。

江乱跳也有让江小小玻璃心的时候。它是一只"嘤嘤"怪，从来不会"嗷呜"叫。看似是一个暖男，但一看到小母狗就变成渣男。

狗是人类最好的朋友，而狗最好的朋友却是另一只狗。

江乱跳有一位梦中情狗，是一只特别漂亮的博美，叫美斯。它对美斯一见钟情，每天在广场上看到美斯，即便是拴着狗绳，也挡不住它的疯狂。

因为遛弯儿的时间比较有规律，江乱跳一看到狗绳，就开心和兴奋，就像马上要去游乐场的小孩就要坐上自己最喜欢的旋转木马一样。但自从认识了美斯，江小小觉得江乱跳出门时的心情变复杂了，像是要去见心爱的人，它恨不得用飞的。

有一次，江小小在玩手机，没见到美斯过来。江乱跳突然冲出去，把她拽出去跟跄了好几步，差点摔了个狗吃屎。她使劲拉扯狗绳以示惩戒，江乱跳哪管得了她啊，只是拼命发出气音让江小小跟上，别耽误它去找美斯。

看着江乱跳急吼吼冲向美斯的样子，江小小低声咒骂：渣男。

可惜，美斯一直对它很冷淡，每次都是高傲地昂着头，对它闻来闻去的举动不以为然，有时甚至会一脸傲娇地走开。

这又让江小小生气：有什么了不起的，我们家跳跳配不上你吗？

除了美斯的事，江乱跳整体还是一只不错的小狗。

2

有一次我们聊天，江小小说："没想到被一只狗改变了择偶观。"

"择狗观？哇，还有这种观，我第一次听说。"我一边摸着江乱跳的脑壳，一边大为震惊。

"天啊，我说的是择偶，择偶观，你什么耳朵啊。"江小小直翻白眼。

"对不起，对不起，听岔了。"

江乱跳看着我，伸着舌头，咧着嘴，以示嘲笑。

从一只狗身上发现了择偶观？这是在骂人还是骂狗呢？

江小小详细解释了她的观点。

和前男友在一起时，有一次江小小急性肠胃炎发作，她告诉正在玩游戏的男友要去医院。

男友头都没回，说："等我打完这一把游戏。"

江小小忍痛等了十五分钟，眼看着男友在游戏里杀疯了，她自己打车去医院了。

后来，男友赶来陪她打点滴，说了几句暖心的话，然后就又坐在一边打游戏了。她想发作，但最终还是忍住了。

躺在病床上，江小小脑海里闪过很多类似的画面：

当她拎着很重的东西说"好沉啊"，男友只是"哦"了一声，然后站在那儿，意思是："快点跟上，我在等你啊！"

很多次下雨时，他把大部分的伞倾斜向自己那边，她被雨淋湿了大半个肩膀也不说，心想："我倒要看看你什么时候会发现。"但到家了，他连毛巾都不会给她拿。

更狠的一次是，一只蟑螂突然从柜子底下爬出来，两人吓得大叫，但还是男友反应快，迅速躲到江小小后面，并把她往前推，嘴里大喊："快点打死它！"

江小小说："我自认为不是那种矫情做作、需要被照顾得妥妥帖帖的女生，也会安慰自己，他就是那种神经大条、马马虎虎的人。但有时候还是会感到疑惑，他真的爱我吗？"

她继续说，江乱跳从来没有得到过任何系统性训练，一直处于放养状态。

有一次，江小小没带伞，回家全身都湿透了。江乱跳看见她这个样子，非常焦急地冲上来，小心翼翼地舔她裤腿和脚背上的水，明明它那么讨厌被淋湿的感觉啊。

那种眼神就像在说："你怎么成落汤鸡了？别怕，有我在呢！我帮你舔干净！"

实属小舔狗一枚啊！

每次江小小在家里因为撞到桌角，或者磕到哪里，发出惨叫的声音，无论江乱跳在干什么，哪怕是在玩最心爱的玩具，它也会不顾一切飞奔过来，看她怎么样了，眼神总是略带责备，仿佛在说："你就是一个大笨蛋，我不在你身边，你就不会照顾自己。"

此外，无论何时，只要江小小跟它对视超过五秒，它的尾巴就会不由自主地摇起来。一次是这样，一万次也是这样。

这时，江小小总会想起那句话："如果人类有尾巴的话，说起来有点不好意思，只要和你在一起，一定会止不住摇起来的。"

江小小说："我不是要把男生比作狗，我只是想体验那种被关心、被呵护的感觉。当很喜欢一个人的时候，不会想有哪些事应该做或者不应该做，而是会不受控制地想要保护她、关心她，看她笑。为喜欢的人做这些事情时，真的不会想那么多。"

我明白她的择偶观了，大概是，爱是恒久忍耐。

不是一定要把对方捧在手心上，不是要无节制纵容对方的无理取闹，而是你需要我的时候，我一定会耐心地陪着你。

仔细观察就会发现，小狗对人的行为"不理解，但忍耐"的样子真的让人感动。哪怕是出于爱意的狂撸，有时候也会对它们造成困扰吧，还有那些突如其来的紧紧拥抱，它们也只是一动不动地被抚摸，安静地等待结束。

相比之下作为人类，对于不理解的事情是很难忍得住的，所以我总觉得小狗心中有一种很大很大的爱。

所以爱是什么？爱是下雨天一起出门，两个人为了不淋湿对方，都握着伞把互相较劲。伞在我这边，我就把伞打过去；伞在你那边，你又把伞撑过来；最后你把伞举得很高，我根本就够不着。

爱就是暴雨之后的天晴，两个人各淋湿一半的肩膀。

3

罗兰夫人说："认识的人越多，越喜欢狗。"

这不是要制造对立，而是你总会发现，能治愈你的不是人类，而是食物跟含糖饮料，还有可爱的动物。

一个很简单的例子：

走在路上，看到不认识的猫，喵；看到不认识的狗，汪；看到认识的人，假装没看到快步走过，等到被对方看到才打招呼。

因为动物会给人类带来最简单、最直接的感受，让你放下戒备，尽情体验生活中的柔软。你永远不需要带着心机认识一只狗。

做江乱跳的铲屎官差不多有三年了，江小小的生活真的眼见着快乐起来了。生活可以无限折磨她，但江乱跳绝对不能吃劣质"狗粮"。

她发现，人类和小狗的互动真的很有爱。

有一次，江乱跳本来和一只狗狗玩得很愉快，但不知道为什么，那只狗突然对江乱跳低吼，江乱跳害怕了，后退了好几步，她赶紧把它牵走。

然后，就听到那只狗的主人说："哈利，你又来了，怎么每次都这样，难怪你会没有朋友。"

隔壁楼的一个奶奶养了一只京巴，她喜欢坐在楼下小区花园的椅子上给狗梳毛，一梳子下去，一大把狗毛，有的会随风飘走。

有一次江小小路过，看到旁边一个大爷一脸嫌弃地说："养这玩意儿图啥啊，到处都是毛。"

老奶奶伸手捂住京巴的耳朵，对大爷说："你说话当心点，你脑袋顶上连毛都没有呢。"

江小小心里高兴坏了：你大爷未必是你大爷，但你奶奶绝对是你奶奶！

每当快递和外卖上门送货时，江乱跳都会跟着江小小一起出来，隔着门缝鬼鬼祟祟地瞅人家快递小哥。

有一个相熟的小哥总是蹲下来，问它："你今天过得开心吗？"

江乱跳摇着尾巴，不说开心或不开心，但吐着舌头，嘴角疯狂上扬。

江小小以前听别人说，养猫好像是在和渣男恋爱，死乞白赖求抱抱的结果多数是对方不耐烦地走开。当你心灰意冷打算接受"我猫喜欢独处，我不能太黏它，要给它更多空间"时，小猫却突然画风大变，主动钻进怀里蹭蹭，顶你鼻子、舔你手，软萌的啊，发了一颗好大好甜的糖，于是又掉进这个循环；而养狗的时候呢，你觉得你是个渣男。

她当时白眼都要翻上天了，"怎么那么戏精啊！猫懂什么？狗懂什么？"

现在可好，回家后第一件事就是先抱起江乱跳，安抚它，还会让它仔细闻闻自己身上的味儿，"你快点闻闻，我在外面真的没有狗。"

因为小狗真的什么都懂，你不要骗它。

小狗的共情能力很强，每次你心情不好，小狗都会满眼忧伤地坐在你旁边，或者是满眼温柔地看着你，想要安抚你。

小狗的共情能力比大部分人类的共情能力强太多，这大概就是人类喜欢小狗的原因。

之所以难以拒绝，不是因为小狗会追着你的脚跟咬，它追你，更多是因为爱。

小狗特别想要某样东西时多乖啊，全身心地看着你，眼巴巴地把小脑袋凑到你的膝上，不自觉地从鼻子里发出焦急的、忍耐的撒娇声。

小狗撒娇不会只说一次，小狗会说：我爱你，快给我吧。我爱你，快给我吧。我爱你，快给我吧……小狗可以每天说一百次，因为得到爱的小狗是永动机，从不觉得爱你是辛苦。

你把小狗渴求不已的爱高高举起,但是小狗从不觉得是你坏,小狗觉得是因为你也需要爱,所以小狗说:我爱你,我爱你,我爱你,快给我吧……

小狗根本不在意舔狗之类的词汇,一直大大方方昂首挺胸地爱人。

世界上有些情感是超乎爱情、超乎友情、超乎亲情的,人类没有给这些情感命名,但是这些爱让人学会温柔。

埃克哈特·托利说:"当你爱抚一只狗或听一只猫的呼噜声时,思绪会沉淀一会儿,接着,你的内心会升起一个宁静的乐园,生命之门就此打开。"

养狗之前,江小小一直觉得自己是一个坚硬、冷酷的大人,为了生存在人世间披荆斩棘,但有了软乎乎的江乱跳之后,反而只想每天窝在家里,和着它的节奏晒太阳,再看着它追逐自己的尾巴,沉沉睡去。

小狗真的很治愈,它会让生活中的人和事都变得可爱起来,似乎为了与这种小家伙产生交流,人类在俯下身子,用另外一种高度和视角打量世界后,生活中那些世俗欲望都短暂地烟消云散,只留下一人一狗。

一方输出着不为外界所知的幼稚与善意,一方输出着晒了一天太阳后特意为你积攒的暖意,摇着尾巴奔向你。两相碰撞后,让生活短暂地拥有了小狗肚皮般柔软的质地。

烦恼倒不会因此就神奇地烟消云散，但在那些时刻，你抓住了比眼前生活更重要的事情。

这团会蹦蹦跳跳、会汪汪叫的毛球善意地提醒着你，你不必有太大成就，仅仅存在于世上也是可以的。

4

每次去江小小家，我总会给江乱跳带点玩具和小零食，而它总会回以最热情的摇尾巴仪式表达感谢，还有猝不及防的舔吻。

我特别愿意逗它，总是问它："跳跳，如何才能像你一样每天都快快乐乐呢？"

它总是第一时间回答："忘！忘！忘！"

每天都快快乐乐，太难了。

我发现一件很不公平的事：快乐需要理由，比如升职加薪、看了一场精彩的电影、和喜欢的人聊聊天……但不快乐不需要理由，可能就是普通的一天，什么事都没有发生，但是，我不快乐。

如果快乐有密码，那一定在小狗的尾巴上。

当小狗摇着尾巴扑向你，摇头晃脑地求抱抱，献上最热情的舔吻，哪里还会记得烦恼啊，早就咧着大嘴跟着傻笑了，要记住这样的瞬间。

每个人都有一地鸡毛的时候，快乐转瞬即逝不要紧，要紧的是怎样才能将这些碎片化的快乐串联起来，这样是不是就可以快乐得久一点呢？

生活中不会经常发生诸如"天问一号"成功着陆火星、"神州十三号"载人飞船发射成功、"天宫"空间站即将建成这种非常巨大的快乐事件，所以我们才更加需要在小事中"榨"出些许快乐。

美好生活就是快乐瞬间的集合：回家路上看到一片粉色的小野花；上班时一路畅通没有一个红灯；中午的外卖是一家新店，但意外地好吃；洗澡时精准操控把手，一下调到了合适的水温；今天的运动量突破了上次的跑步纪录；路上偶遇的小朋友对着你笑，露出一口小白牙；地下车库里的小猫咪主动靠过来吃火腿肠……

这些看似鸡零狗碎的生活碎片，却是通向快乐星球的秘密通道。

被小事感动的能力，是一种很厉害的能力。这时候快乐是很单纯的，就像小时候的那种纯粹的快乐一样。拥有这种能力，人才不会被世俗腐蚀，才会拥有明亮的眼睛和透亮的心。

我们是来这个世界上享受爱和被爱的，是来看一年四季最美丽的风景的，是来看春风温柔抚摸树叶的，不要因为一点不快乐就灰心。那些难过啊，悲伤啊，不快乐啊，都只是为了这些风景花费的小小门票钱而已。

悲伤的时候，要把悲伤放进大海里，这样就会稀释成很小的悲伤；不快乐的时候，要把不快乐放飞到天空中，那样就是很小的不快乐。

无论痛苦的地心引力多么强大，命运多么强势，只要还有快乐的能力，你就还有力量将一把烂牌打好，当你决心变得快乐，成为更好的人，全宇宙都会给你力量。

谁稀罕深刻的痛苦，我们只要肤浅的快乐。
对痛苦的钝感强一点，对幸福的钝感弱一点。要做一个对自然、对万物仍保持敏感的人。看到月亮还是会快乐，看到可爱的事物还是会感动。
回归最初的自己，不要有那么大压力，少一点欲望，多一点热爱，做一个快乐优秀的普通人就很好。

即使不快乐也没关系的，我只是希望你快乐的时刻永远比不快乐的时候更多一点点，就好。

最后，送一首安娜·斯维尔的小诗给你：

就像无关紧要的事物一样快乐
就像无足轻重的东西一样自由
就像一些事物一样一文不值
而且它也没把自己当回事儿

所有人都在嘲笑地模仿它
它也反过来模仿对它的模仿

就像随随便便的笑
就像后浪压前浪的大叫
就像什么都无所谓一样快乐
就像每一次说无所谓一样快乐

快乐
就像一只狗的尾巴

你一定在未来某人的心尖尖上

如果你可以接受一段从"差不多"开始的恋爱，

也意味着你开始接受"差很多"的余生。

一辈子太长了，遇见错的人比孤独更可怕。

怎么才能确定谁是对的人？

如果他给了你一种别人不曾给你的陪伴感，

那么大概率，这个人就是你一直要找的人。

1

圣诞节，突然收到米亚的微信，约我去酒吧。

米亚前段时间和男朋友分手了，本来已经走过情绪低潮期，结果一场电影又把她打回原形。

她在家看了一部电影，是一部爱情片。

看到最后，终于证实了电影开场十分钟之后自己下的断言：这是一部烂片。烂在哪里呢？大概是影片的结尾，本该分道扬镳的两个人还是在一起了。

这到底是为什么？因为是圣诞节？咋的，有谁规定圣诞节不让分手吗？还是大过节的最好别分手？就像"来都来了""大过节的"，以及"别逼我在快乐的节日和你爆吵一架"……

强行快乐的结局真的让人费解，所以米亚被刺激了。

我们在酒吧街倚在路边的栏杆上看来来往往的热闹人群，看了有半小时了。

我有点儿饿了，就问米亚："请问你在看什么呢？"

"看看有没有什么心仪的对象。"

"你是认真的？"

"当然，新欢是治愈情伤最好的良药。"

本以为剧情要香艳起来了，没想到大家都忙着享受节日的快乐，并没有人注意到一个心碎的女人和她饥肠辘辘的朋友。

我看着米亚，她的神情稍显落寞，欢闹的人群里，一个人总能悲惨得格外突出，也许这就是人类的悲欢并不相通，别人根本没空看你。

米亚又看了半小时，逐渐丧失了兴趣，拉着我去吃火锅，我欢天喜地地跟着走了。

我知道米亚就是被那部电影揭了旧伤疤，她根本不是随随便便找救生圈来爱的人。

失恋时，我们总是更加渴求被爱，想要用"被爱"来证明自己的生活如常，其实往往忽略了爱意的质量取决于"被谁爱"。

因为相爱的人总是表现出某种相似性，你是什么样的人，就会遇到什么样的人。你是积极的，就会遇到阳光的；你是消极的，就会遇到狼狈的；你是随便的，就会遇到同样不走心的。

当你处于糟糕的生活状态，迎头遇上的大多也是糟糕平庸的，这就是神奇的吸引力法则。当时糟糕的他选择爱你，是因为你们一样狼狈而灰头土脸，这显得他没那么糟糕。而结果往往雪上加霜，糟上更糟。

无论什么时候，都不应该放低自己对爱情的要求。

爱情从来不是一场条件匹配的博弈，也不是急吼吼的冲动抉择或者他人眼中年纪到了就要认清现实的规劝。

爱情应该是美好的进步的成长的舒适的喜欢的热爱的钟情的唯一的，听从内心的、不轻易妥协的存在。

如果你可以接受一段从"差不多"开始的恋爱，也意味着你开始接受"差很多"的余生。

一辈子太长了，遇见错的人比孤独更可怕。

2

圣诞节出门吃饭真的要谨慎，排队等位用了一个多小时，我要饿死了。终于排到我们了，感觉我能瞬间喝下两碗麻酱小料。

在我虔诚地搅拌着麻酱小料时，米亚跟我说："谈恋爱好难，用尽力气还是会把它搞砸。"

我隔着桌子拍了拍她的脑袋，说："记住，没有任何烦恼是一片毛肚解决不了的，不行的话就两片。"我现在真的没有精力劝人，我太饿了。

说来也巧，米亚上一段恋情始于两年前，临近圣诞节。

那时他们刚刚认识，还没算正式交往，当时他们的关系就像被干燥的寒风突然侵袭的城市，拧拧巴巴。

圣诞节那天，因为加班太晚找不到地方吃饭，只好随便找了一家火锅店草率过节。

隔着热气腾腾的锅，他们沉默着，但耐心地吃着。对面坐着喜欢的人，他们表面克制，内心就像翻滚的腰子，开花了。

直到服务员遗憾地来告诉他们饭店要打烊了，他们才感觉到时间的流逝。

打车的人排了一百多号，他们躲进便利店里消磨时间。
"你明天还要工作吧，啊，不是，今天，够睡吗？"男方先开了口。
"没事，我觉少。"
"真对不起，这个圣诞节真的很糟糕。"
"没关系，大家都很忙。再说'洋节'嘛，不过也没关系……"
这个圣诞节的确一点儿都不浪漫，甚至有点儿仓促、有点儿羞涩，处处透露着时间紧迫要做点什么，但最终什么也没做成的蹩脚感。

但是米亚感觉很好、很舒服，就像"我们坐着，不说话，也十分美好"。

从那之后，他们势不可当地走在一起了。

最开始的局促感拧巴感过去之后，热恋期才有的甜蜜感和幸福感如约而至，然后冷漠与疏离也悄悄尾随，直到感受枯竭。

爱意从什么时候消失了？

大概是她的关心被他视为束缚；她拌嘴时说的气话被他认定为歇斯底里；她的一点小要求被他定义成蛮不讲理。

她不知道自己是因为太在乎而变得更加黏人了还是他根本不在乎，所以才会觉得她干什么都是对他的精神捆绑。

米亚本来是火暴脾气的姑娘，却在这段感情里温顺得像一只小兔子；明明犯错的不是米亚，可最后等在男友楼下只为听一句抱歉的却是她。

她要时刻保持优秀、可爱、有趣，怕自己配不上男友，怕他会觉得索然无味，她用尽了一切力气，想要留住渐行渐远的他。

最后，她累了，真的累了，分手是最好的结局。

一段对的感情哪里需要这么费力？你喜欢一个人，为他做了很多吃力和吃亏的事，为他做了很多不符合你本性的事。他最终还是离开了，不是你付出得不够，问题在于，他本来就是错的人。

我的朋友安琪曾说过一句话："会离开的都是错的人，时间会帮我们做筛选。"

爱一个对的人从来不需要这样。因为，好的爱情总是自然而然，像一阵风，吹来了，直接往你怀里钻。

你迎接一阵风的时候，从不用捏紧拳头。

"你还想着他吗？"我问米亚。

"也不算吧，就是偶尔路过曾经一起吃过饭的餐厅、一起去过的便利店、一起散步的公园、一起坐过的长椅，往事总会不自觉地涌上来，会有一刻感觉很难过。"

"嗯，没错，你还想着他。"

"可能是圣诞节的缘故吧，看着一对一对的恋人汹涌来袭，感受到人们胸腔里的爱意喷薄而出，有一些伤感。"

看到大家热火朝天地庆祝节日，我想，我们不应该再悲伤了。每一个节日都是一场小型庆典，为了庆祝最平凡的日常，这件事本身就很美。

我举起杯，对米亚说："祝你圣诞快乐，当然了，不快乐也无所谓。"

米亚笑了，今天还是第一次看她笑。

看她举起杯，我接着说："让我们提前庆祝你会遇到那个对的人，然后你一定会快乐。"

"干杯！"

爱是一时兴起吗？是一见钟情吗？是命中注定吗？爱可以是任何一种，但没有哪一种可以保证永恒。但时间从不撒谎，它总会把对的人带到你身边，这个人会告诉你，你曾经历的一切并非没有意义。

3

怎么才能确定谁是对的人？如果他给了你一种别人不曾给你的陪伴感，那么大概率，这个人就是你一直要找的人。

陪伴感，不是虚无缥缈的东西，它是实实在在能让你感觉得到，能让你特别安心的东西。

这是我从朋友安琪那里学到的。

有段时间安琪和男友特别忙，忙到都没有时间好好静下来去看一场电影，互相对了一下时间表，发现未来两个月依然腾不出时间。他们就像睡在同一个屋檐下的异地恋，她上早班，他却深陷夜班；她好不容易下班回家，他却要赶着出门上班，再这样下去迟早要变成最熟悉的陌生人。

有一天，安琪赶着去和客户签约，没想到高跟鞋卡在马路的缝隙里，把脚崴了，当时疼得差点晕过去，真的是靠职场人钢铁般的意志，她强撑着去和客户签约了。

因为没有及时处理，晚上回家发现脚肿得非常厉害，完全不敢动。男友要陪她去医院检查一下，她不想去，一是怕疼，二是懒，决定先观察一晚上看看。

疼得没法睡觉，安琪只好坐起来打游戏缓解痛楚，男友也陪她一起玩到凌晨。

好在第二天是周末，安琪睡到自然醒，醒来接近中午，脚还是很肿，但是没那么痛了。

她拿出手机想问加班的男友中午吃什么，正好男友发了一条消息过来，第一句问她醒没醒；第二句问她脚怎么样了，要不要看医生；第三句竟然是长篇，详细告诉她应该怎么处理痛处，想必是查了一番资料。

安琪说，当时突然有一点被"叮"地戳到的感觉，说实话，崴脚这种事稀松平常，虽然真的很痛，但是她完全没当一回事。

"没想到的是,他那么上心。"

那一瞬间,安琪突然觉得,这该死的陪伴感太让人上头了。能和这样的人一辈子,真好啊。

能让人认定一个人的时刻,一定是近似这样的时刻。就是发现他把你的事情当作他自己的事情,在他心里,你们是彼此最大的支撑和后盾,是一个命运共同体。没有逃避和推责或者自私的垂涎,只有他近乎本能地在意你,就像在意他自己一样。是那种"他真的把你当自己人"的感觉。

我们看了太多花里胡哨的爱情故事,以至于忽视了感情这个东西本质上就应该是极其质朴的在意和支持。

你的伤痛有人理解、你的恐惧有人分担、你的开心有人分享、你的喜怒哀乐有人对接,就是这么简单,但也十足难得。

人生中有很多时刻让人觉得很难:突然自怨自怜,觉得一无是处的时刻;被一个集体忽略的时刻;大雨倾盆,无处躲藏的时刻;恐惧和惊慌从心头袭来的时刻……我们拼命积累财富,不断武装自己,为自己构建安全感,但有时候钱财无法治愈心碎,铠甲无法抵御崩溃,这种时刻还是得让爱来治愈,而且情话治不了,仪式太隆重,能够治好的只有对方坚定的支持和陪伴。

"交往"这件事,不只是为了休息日能一起出去玩,那只是附带的东西。"互相支撑着对方的生活"才是交往的本质。比起在一起的时候，倒不如说在不能在一起的时候，两个人互相能成为对方的力量，这才是最重要的。

是那种，工作很辛苦时，只要想起对方的脸，就能再努力一把的力量；是那种，一想到还有对方陪伴自己，突然感觉自己无所畏惧了。

没有陪伴感的爱情总让人觉得很虚，仿佛摇摇欲坠的吊桥，一不小心就会踏空。

也许人生会有各种问题，但有一个人陪在身边就好像没那么糟。是你取得成绩时微笑着看你，也是当你遇到什么困难，总会有他想出最好的办法帮着你应付一分。

4

我们要对爱情有信仰，如同爱这个世界上一切的美：阳光、雨露、朝霞、明月……我们也要学会把爱情看淡，心态好一点。世界上，有一眼生情、因缘际会，也有爱而不得、聚而复散。

我们要用更好的自己，去享受旗鼓相当的爱情。

《爱的四十条法则》讲了这样一个故事，君主听说一位诗人无可救药地爱上了一个叫蕾拉的女子，甚至为她改名为痴心汉。君主感到很好奇，心想这名女子一定是天生尤物，所以他千方百计想要见蕾拉一面。

终于有一天，蕾拉被带进皇宫。她卸下面纱的那一刻，君主的想象幻灭了。蕾拉不过是一个平凡的女子，君主没有掩饰自己的失望，对蕾拉说："你就是令痴心汉疯狂的女人吗？但你的长相为什么如此平庸，难道你有什么特别之处？"

蕾拉说："我是蕾拉，你却不是痴心汉。你必须用痴心汉的眼睛来看我，否则你永远解不开这道叫作爱的谜题。"

爱的谜题是什么？

如果有一天你爱上一个人，发现你们星座、生肖该匹配的一个都不匹配，但你依然为他心动，那就是"命中注定"。

哪怕你有很多缺点，身材一般、讲话愚蠢、糟糕透顶，他也会爱你，爱你本来的样子。他会把你放在他的心尖尖上，并且愿意为你付出很多很多。

人间太吵了，而你只想躲进他的心里。

等你终于遇到这个人，喜欢，就会变成一件没有语法的事。"你走路的样子真好听""你说话的声音真好看""你安静的模样真好闻""你咯咯的笑声真好吃"。

难过的时候就想想:

生活对不起我的浪漫、我的赤诚、我的温柔与明亮,

该难过的一定不能是我,生活应该惭愧。

阴天和晴天都很可爱，
你也一样

我们终其一生去研究怎样活得通透，

其实不过是直白地表达自己的感受。

善良、好脾气不能成为温室里的花，它必须长成玫瑰。

送给爱人，手有余香；送给敌人，扎伤他手。

比起"控制好情绪"，

我们更需要的是"不好意思，今天要发个脾气"。

1

有一天,我和朋友茉莉看完电影出来,无意间听到了一对父子的对话。

爸爸因为喝了孩子的汽水,孩子不高兴,就哭了。

爸爸问他:"你为什么哭?"

孩子不说话。

爸爸说:"是因为我喝了你的汽水吗?"

孩子带着哭腔说:"是。"

"那你就直接告诉我,爸爸,你喝了我的汽水,我不高兴了。直接把你的不高兴说出来不好吗?为什么要哭?"

孩子不说话,继续哭。

爸爸继续很耐心地对孩子说:"你看啊,这事儿是这样的,爸爸没有经过你的同意就喝了你的汽水,这是爸爸不对。你要告诉爸爸,而不是哭,你不说,爸爸就不知道错在哪儿了,所以以后有问题,你感觉到不舒服,就说出来,好不好?"

孩子抹了一把眼泪,似懂非懂地点点头。

我们坐在旁边,觉得这段对话好有趣。

茉莉很感慨地说:"这位爸爸真的好好啊,我父母从来没有跟我说过这样的话。我一哭,他们就骂我,所以在我的认知里,人只要表现出不高兴、愤怒，就是不对的。我没有责怪父母的意思，就是觉得，现在的小朋友都好幸福啊，可以和父母分享自己的情绪。我就从来不敢发脾气。"

我说："嗯，确实，我觉得你性格真的很好，没见你发过脾气。"

茉莉摇摇头说："不是这样的，我是不敢发脾气，因为我怕发了一次脾气，别人就不理我了。"

茉莉说，她也有情绪消沉失落的时候，好像心里有一场海啸，可是她从来都是静静的，不会让任何人知道她的不开心。

长大后，她每天都在练习做一个情绪稳定的人，一个不动声色地调整好内心秩序的人。

她善于通过压抑自己来回避问题，就是在亲密关系里也是如此。很少争辩，有问题了也不会提出来，有情绪就自己憋着。

因为在她看来，真实的情绪表达是会让人讨厌和憎恨的，就如同父母对她的态度一样，所以很多两个人之间该有的互动就在憋着憋着的过程中没有了。

用她的话说，"让我们相敬如宾，虚情假意过完这一生"是她最常用的回避问题的方式。

让她没想到的是，正是她的回避才将一段段亲密关系推远。不交流、不沟通、不解决，表面掩盖的美好，风轻轻一吹，里面埋藏的都是日积月累的矛盾和怨恨。

"把话说出来,输出情绪,表达自己,信任沟通的力量,这种简单的道理大多数人从小就明白了,而我花了二十几年才明白。"茉莉稍显落寞。

我也有点儿诧异,没想到她还有过这样的心路历程。"但是你现在的状态真的很好啊,真看不出来你以前是这样的人。我一直觉得你挺乐观开朗的。"

她笑了笑说:"那是因为遇到了我现在的男友。"

2

刚跟男友秦明在一起时,遇到矛盾,她还是会战术性回避,总想快速息事宁人,看到苗头不对就会找别的事情岔开话题。

"你是什么意思啊?为什么岔开话题?"有一次她又想岔开话题,但秦明却没放弃追问。

"这事过去了,行了。"她还是很抗拒。

然后秦明说了一句让她觉得很温柔的话:"这事没过去,你就是在逃避,你每次都这样,但是我告诉你,这次不行。我是不会让你带着情绪过夜的,你所谓的自我调节是在慢慢地远离我,我不要你这样。"

那一刻,茉莉感觉自己的心突然缩了一下。

秦明看着她,继续很温柔地跟她说:"我宁可你发脾气,把所有不满都说出来,也不愿意你闷闷不乐。"

茉莉有点儿哽咽:"我怕我们吵着吵着就分手了,也怕你觉得我脾气不好而不再爱我。"

"我不会因为你脾气不好而不爱你,更不会因为一次争吵而跟你分手,但是如果你一直试图靠隐忍来粉饰太平,我担心总有一天我们会爆发更大的矛盾。"

茉莉说:"你不会觉得我无理取闹,讨人厌吗?"
秦明一本正经地对她说:"望周知,时时刻刻地情绪稳定在一段关系中并不是什么好事。毕竟,你的一点小小不开心在我这里都是天大的事,这才是恋爱的本质。如果时刻被迫在恋爱中做一个情绪稳定的人,那还谈什么恋爱,不如我们一起开间公司好了?"
茉莉瞬间被逗笑了。

茉莉对我说:"他这段话让我想了很久,两个人在一起,吵吵闹闹,发点儿小脾气都是正常的,不要畏惧摩擦,摩擦会产生热量,仅仅是这点热量,就会转化为热情。从那之后,我就特别坦然了,也敢发脾气了,但绝不是无理取闹,我现在整个人都舒坦了。"

真的,好像这个世界特别推崇好脾气。
受了委屈,所有人都会劝你:忍忍算了。
明明是别人犯错,但只要你生气了就会变成是你太过计较。
偶然忍不住发了脾气,没等别人说什么,自己先不好意思了。
好像逆来顺受是一种很好的美德,脾气不好是一件值得反思的事。

你以为自己被认可、被喜欢只是因为脾气好，总担心发了脾气就会失去一切。但不是这样的，上司器重你，是因为你的能力；朋友喜欢你，是因为你的义气；另一半偏爱你，只是因为你是你。

想要和一个人长久地相处，就要学会适当地给出负面反馈。

那些因为你"不够温顺"而离开你的人，那些因为你发了脾气就觉得你不好的人，其实根本就不在乎你。而且只要你不是乱发脾气，不会有人因为你发了一次脾气而觉得你不值得信任和喜欢，相反，有时候你的脾气会让别人觉得你有原则，从而更加尊重你。

我们终其一生去研究怎样活得通透，其实不过是直白地表达自己的感受。

现在有很多种自由，比如车厘子自由、买房自由、单身自由、辞职自由，但很少有人提及一种自由：发脾气自由。

在我看来，"发脾气自由"才是一个成年人最该有的自由。

不掀桌是一种修养，但掀桌是一种底气，本质是什么呢？我愿意。

对喜欢的人，真实地表达情绪，做一个真人，而不是傀儡；对于不喜欢的人，更没必要装老好人，讨好没用，毕竟只有对方在意你的时候，你的在意才是有意义的。至于那些总是需要妥协和忍让的人，早点说再见也不是一件坏事。

善良、好脾气不能成为温室里的花，它必须长成玫瑰。送给爱人，手有余香；送给敌人，扎伤他手。

比起"控制好情绪"，我们更需要的是"不好意思，今天要发个脾气"。

偶尔对世界发发脾气，你也仍然还是好人，但你会得到一个不一样的人生。

3

随着年龄的增长，我们越来越善于伪装自己，再也不敢做鲜明的表达。

前两天看了一篇文章，总结当代矫情文学的，包括但不限于追忆青春的伤痛文学，我看着挺欢乐。那么生猛地表达喜欢，那么淋漓尽致地表达伤感，现在看来竟然如此尴尬，当年我可是看得津津有味啊。

然后我就在想，从什么时候开始，我们羞于表达自己的情感了？大概是一点点长大开始的。

罗振宇曾经说过："成长的本质，不是提高、不是向好，成长的本质，是变得复杂。"

成长赋予了我们太多的责任，不敢失败、不敢任性、不敢软弱，甚至不敢表达自己的情绪，渐渐学会了理智，学会了伪装。

每个人的演技都很棒，明明心里已经溃不成军，脸上还会神采飞扬。

因为不想被低估，不想成为别人的笑料，不想触碰自己的痛点，可是又要负重前行，只能用假装的快乐掩藏起所有心酸。

嘴上"我很好"，心里往往是"我很糟"。

于是在生活中，你常常上演人格分裂，并无缝对接。

你在朋友圈上演励志狂人：今天又是收获满满的一天；今天跑了10千米，了不起；明天也要好好努力啊！

但是到了微博，画风就变成这个样子：死了，我的论文还没写完，我怕是一条废咸鱼了；这个人说的是什么啊，太蠢了；领导太丧心病狂了，这都能找碴儿；啊，可爱的小猫咪……

一边在朋友圈假装努力，生怕别人不知道自己是谁；一边又在微博放飞自己，生怕被人认出自己是谁。

白天欢声笑语，人生很快活；夜晚歇斯底里，人间不值得。

人生的真相就是，在网上动若疯子，在现实中安静如鸡。在熟人看不见的角落，你敢指点江山，痛骂世界，吐槽现状，但你就是不敢骂每个周末都在装修的邻居。

成年人的"心平气和"有时候并不是真正的宽容，只是以前那些拿来解决与别人冲突的精力和情绪，现在需要更多地被拿来去解

决和自己的冲突。

有些话你欲言又止,因为心事不是谁都听得懂;有时候你假装快乐,因为眼泪不是对谁都能落。最后呢,为了不徒增自己的烦恼,对很多事情,你通常还是会选择"假装"不在意。

领导进行无聊的发言时,你还是会用力地鼓掌;被熊孩子冒犯时,还是会假装原谅他;失恋的时候,也会装作很潇洒地离开……

微笑只是一种表情,它不代表心情。

担心被人说幼稚,害怕被人说矫情,于是试图把自己变得更成熟、强大、无所畏惧。但在抛弃幼稚的同时,也丧失了惊喜发生的可能性。

有人说"比起沉溺于悲伤,没有情绪更让我安心"。但这也意味着,被抽走的,不仅是失落和痛苦,还有快乐和意义。

生活就是既甜又丧,既清醒又疯狂,但我们总是被要求,只展示甜和清醒的一面,那另外一面该寄存在哪里呢?

长大后,我们要去摸索更成熟的解决方式,但一定不要压抑自己。

一旦成为生活的局外人,活着,就失去了参与感。

4

看着镜中面无表情的自己,你会不会觉得陌生?你有多久没有大胆地哭过？认真地笑过？真正地快乐过？

你擅长封印内心的风暴和海啸，却学不会输出内心真实的想法；你谨小慎微地在乎别人的眼光，却忘记了自己的需求和感受；你不停地拥抱情绪，又克服情绪。

明明害怕冷漠，却假装淡定；明明心灰意冷，却强颜欢笑。

你学会了不动声色，不敢情绪化，不让自己回头看，选择一头扎进生活里随波逐流。

没人会把"我有很多压力，我想叹口气"挂在嘴边，但悲伤和沮丧还是会不经意地从角落里冒出头来。有时候不是故意小心眼爱生气，就是委屈劲儿上来了压都压不住。

每个人都会感受到情绪的波涛汹涌，感觉自己被沮丧、抑郁、焦虑、自卑、孤独这些不快乐情绪吞噬，这和脆弱无关，永远不要为自己的真情实感感到抱歉和羞耻，所有的情绪都是我们的一部分。

生活很难、很累的时候，崩溃真的不是因为你太弱了。失恋不是一件小事，伤心也并不羞耻，成长的烦恼，别再说它只是咬咬牙就能过去的阵痛，没有一种情绪是不正当的，没有一种痛苦应该被轻视。

成年人的假装一切都好，只不过是不敢面对，但成年人的世界不应该只有假装坚强，还要允许自己偶尔沮丧。能为生活里的"小确幸"狂舞，也能为"小确丧"神伤。

一个人不用活得像一支队伍，一个人只要活得像一个人就行了，有尊严、有追求、有梦想,也有软弱和颓废的时候。

没有人规定你一定要阳光快乐、积极向上。你欣赏总是元气满满的那种人,不代表你也必须那样,如果有人因你的脆弱而嘲笑你,那是他们的错。只要你的负面情绪没有给别人带来麻烦,你永远不必为自己的脆弱而自卑。阴天和晴天都很可爱,你也一样。

相比于做一个不动声色的大人,做一个有声有色的人更好。"有声"是指敢于发出自己的声音,敢于表达自己的感受;"有色"是指敢于活出自己真实的样子,每一天都过得多姿多彩。

当你心情不好时,你不必着急去吃喝玩乐,表现出什么事都没有发生的样子,你只需要告诉自己:我可以难过,我可以忧伤,我可以委屈,我可以愤怒,我可以孤独,我可以焦虑,我可以抱怨,我可以指责,我可以讨好,我可以躺平,我可以……

按时悲观,可以防止情绪崩塌。想哭就哭一场,哭泣是一种宣泄,会为你按下暂停键,不被困境所压垮。
温馨提示:你在哭的时候,大脑会分泌内啡肽以减少你的痛苦,相当于你的大脑在轻轻地拍着你的背说:"没事的,一切都会好起来。"

木心说:"一个人从悲伤中落落大方走出来,就是艺术家了。"

越长大越要照顾好自己，不要过分透支自己，打游戏一感觉到累立马上床躺下；吃东西一感觉到饱立马停筷子；和人交往一感到不适立马冷却自己，情绪不好的时候就多关心一下自己。

心灵养生，不是保温杯里泡枸杞，而是自己给自己的内心按摩。

要诚实地面对自己，发自内心地说一句：我很好，敢哭敢笑，没什么大不了。

你向往的小日子，
需要一点点用心和热爱

如果生活中，有人带着做一杯特浓咖啡的心思来对待你，
那可真是再幸运不过的事情了。

我们都应该试着用一种做特浓咖啡的心态去面对生活。
接过一杯咖啡时，心想"这杯咖啡是为我而做的"。
赶上一班地铁时，默念"这班地铁就是为了等我的"。
克服一个困难时，也要相信"我尽了最大努力，命运也在冥冥中帮了我一把"。
想要做到，才会做到。

1

有一天上午,工作特别多,忙到中午了还没空吃饭。好不容易忙完了,一看时间,已经下午两点半了。闲下来之后,才发现肚子早已饿得咕咕叫了。

和上司说了一声,我和瑶瑶直奔"午间饭堂"。

我们都饿坏了,两份炒饭一会儿就吃完了。感觉时间还早,就想喝杯咖啡再回去。

我点了一杯冰拿铁,瑶瑶点了冰美式。正好店里没什么客人,我们就坐在吧台和饮品师嗒嗒闲聊。

瑶瑶一口气喝了半杯冰美式,"太解渴了,嗒嗒,今天这杯冰美式绝了。"

"是吗,今天点冰美式的人特别多,做出了手感。"嗒嗒说,然后转向我,"你怎么那么爱喝冰拿铁?"

我思索片刻,非常认真地说:"可能觉得自己缺钙吧,加点奶,防止骨质疏松。"

嗒嗒听后狂笑:"你这是什么歪理邪说啊,真没听过。"

"你可别不信,有科学根据的。我也纳闷,冰美式到底有什么好喝的?"

"美式多好啊,可以消肿,可以提神。重点是,没有好坏,只有偏爱,不是所有人都喜欢,但喜欢的人很上头。"瑶瑶一下来劲了。

我撇撇嘴,说:"冰美式就是咖啡界的工具人,和咱们打工人一样。"
"打住,翘班时光,谢绝扎心。"瑶瑶又不爱听了。

"你们知道吗,我们店里喝什么的都有,但只有一个姑娘,每天会来喝一杯意式特浓。"嗒嗒神秘地说,"因为每天只做一杯,所以我每一道工序都非常严谨,想把每一杯都做好,给这个特别的人。"
"好你个嗒嗒,你还区别对待,一会儿就告诉你们老板,让他收拾你。"瑶瑶假装很生气。
"哎,别别别——我没有区别对待,我真的每一杯都用心做,只是对意式特浓印象更深刻。"嗒嗒赶忙求饶,其实我们就是逗他的。

"午间饭堂"附近有很多公司,午餐是主打,所以开门相对晚一点。九点整,零星会有人进来。九点半,那个喝意式特浓的姑娘会准时出现,点一杯特浓,然后静静地坐在吧台喝完。一直如此,嗒嗒说他们就这样慢慢熟起来了。

听起来像是什么故事的开头啊,我赶紧追问他们平时都聊什么。

"一杯意式特浓。"
"好的,稍等一下。"
"意式特浓好了。"
"谢谢。"

就这?那我跟好几十个咖啡师都是老铁了,人家有时候还会说

"吸管自取"呢！

嗒嗒急忙解释："那不一样，那不一样。"

每一个喜欢咖啡的人，都梦想自己能开一家咖啡馆。嗒嗒也不例外，只是理想很丰满，现实却很残酷，开一家属于自己的咖啡馆越来越像一场白日梦。

每天做着各种各样的饮品，渐渐消磨了他的热情，梦想好像离他越来越远了。

但自从那个姑娘出现之后，他的梦想好像又被点燃了。即便特浓不需要他怎么操作，他仍然坚持小心翼翼地将咖啡粉压得平整和好看。压粉太重要了，直接决定萃取是否均匀，而且非常考验咖啡师的手感。压得不好，他是绝对不会给她喝的。

把一杯味道最醇厚的特浓亲手送到姑娘手上对嗒嗒来说就是每天都要进行的仪式，以此提醒自己：我是一名专业的咖啡师。

我想，姑娘那一杯专属特浓一定非常好喝。

如果生活中，有人带着做一杯特浓咖啡的心思来对待你，那可真是再幸运不过的事情了。

我还想追问，结果瑶瑶比我还八卦："之后怎么样了，有没有加她微信？"

"为什么要加微信啊？把她吓跑了怎么办？"

我随后补刀，提出灵魂一问："你有没有想过，你们店前后左右，四面八方最少有四家咖啡馆，为什么她偏偏到你们这里来点一份特浓？我没有说你们不好，只是为什么有专业的咖啡馆不去，要来餐厅喝咖啡呢？不是很奇怪吗？"我的头发很少，每一根都有它的名字，刚才"西尔维娅"掉了，我一边问，一边惋惜我的"西尔维娅"。

嗒嗒愣在那里起码有十几秒，然后转过身去假装忙碌，但是动作很慌乱，把杯子碰得叮当作响。

我和瑶瑶对视一眼，瑶瑶不怀好意地说："你这是在玩火啊？"

"我只是在说一种可能性，别人怎么想我可没办法。"

后来，我们也没再追问嗒嗒和姑娘是否真的有下文，但是这件事却让我反思：我好像已经很久没有那种为了一件事特别上心的时刻了。

记得上一次感受到被用心对待的时刻，也是关于咖啡的。

在一家小咖啡馆里，咖啡师问我："要不要试试我新发明的特调？"

我很期待地说："好啊，好啊。"

"可能非常美味，也可能非常黑暗料理。你准备好了吗？"

"这……行吧，我试试。"

"骗你的啦，不好喝怎么敢拿出来。"

尝过之后，我宣布，那是我喝过的最好喝最浓郁最醇厚的咖啡，以至于我那一天的心情都特别棒。

那么用心地去做一件事怎么会做砸呢，当时，整个宇宙的力量都是你的助攻。

我们都应该试着用一种做特浓咖啡的心态去面对生活。

接过一杯咖啡时，心想"这杯咖啡是为我而做的"。

赶上一班地铁时，默念"这班地铁就是为了等我的"。

克服一个困难时，也要相信"我尽了最大努力，命运也在冥冥中帮了我一把"。

想要做到，才会做到。

2

从前车马很慢，一生只够爱一个人，现在外卖晚到两分钟都想骂人。

打开视频第一个动作是调到 1.5 倍速，一本书看三遍都看不完前三章，一部电影看了好几天也没看到高潮，甚至没有耐心听一个人讲话，还有英文单词记忆永远停留在 abandon……

我们失去了人类最宝贵的东西——耐心。

这是一个连上厕所都要拉进度条的时代。我们越来越难耐着性子做完一件事、坚持一个兴趣，或者做好一份工作了。

有时候很羡慕和渴望那种完全沉浸到一件事情中的状态。

朋友羽欣大学毕业后在某大型连锁超市做行政主管，收入不错，但她常常感觉自己是一个购物袋,好像可有可无。

她一直热爱美食,爱看各类美食纪录片、餐厅的故事、厨师大赛,也买了很多关于做菜的书,对各种食材都很了解。

当然,亲自下厨是她的最爱,她喜欢一整天都泡在厨房里研究新菜式。对她来说,研究出好吃的菜式,就是见证魔法的时刻。

她如此热爱美食是受爷爷的影响。她的爷爷做厨师四十年,修得一手好厨艺。从小她就知道,她们家的饭总是比别人家的讲究。爷爷还经常带她下馆子,当地最有名的餐厅和小吃,都留下了他们的足迹。

她参加工作的第四年,爷爷去世了。她很伤心、很难过,觉得疼自己的人又走了一个。

在悲痛中,她想到爷爷这一辈子对厨艺的热爱,应该有一个人帮他延续下去。人活一辈子,不就是要去追求自己真正在乎的东西吗。

于是,她辞职了。

辞职后,她做了自媒体美食博主。做自己喜欢的事,真的会忍不住勤奋。每天都去探店,回来写食评;品尝各种食物;研究各地的餐馆;尝试搭配菜谱,分享给粉丝;把自己对美食的心得写成有趣的文章分享出去。

有时候,她会去"午间饭堂"做兼职,老板武哥也是一个热爱美食的人,愿意帮助有同样梦想的人。武哥曾经对别人说过很多次,他觉得羽欣很有天赋，将来一定会成为优秀的厨师。

羽欣的确比以前快乐了，但偶尔也会面对身边人的质疑，他们担心她的喜好不足以安身立命。

但羽欣总是坚定地给自己打气，一方面她觉得现在有了寄情之处，而且本身对物质要求也没那么高，就算过着简单安逸的生活她也心甘情愿；另一方面，她觉得自己对美食的热爱是宇宙给她的启示，只要沿着这条路坚持探索，一定会走出自己的路。

内心没有热爱的人就像快枯死的树，一直没有感兴趣的东西来充电，眼里的光都会黯淡掉。而内心有热爱的人，整个人都是发光的。

我见过羽欣做一款蛋糕时的状态，那是一种全然忘我的沉醉，死磕每一个细节，直至做到最好。一个人打心底里想做一件事，会抑制不住地兴奋，而这件事反过来会滋养她的自信。

我相信，羽欣一定会成为一代名厨。

做成一件事，除了无法改变的外在因素，关键在于真心，至少你要发自内心相信自己做的事情。

亦舒说过："假如你真的想做一件事，那么就算障碍重重，你也会想尽一切办法去办到它。但若是你不是真心地想要去完成一件事情，那么纵使前方道路平坦，你也会想尽一切理由阻止自己向前。"

我们都是业余新手，谁都是第一次参与滚烫的人生。人生第一次也要正确，因为你只有这一次机会。竭尽全力去做一切想做的事情吧，既然做了，就值得用心做好。

3

一个人最美好的状态是什么？那一定是极其清醒地知道自己要什么，并且找到方向和路线，全力以赴。

有人将后现代焦虑提炼成了一个定理，那就是："我是那么地渴望……以至于不可能……"我是那么地渴望睡着，以至于不可能睡着；我是那么地渴望真爱，以至于不可能得到真爱；我是那么地渴望完成这个计划，以至于不可能完成……

焦虑诞生于不作为，那么打败焦虑最好的办法就是：我是那么地渴望一件事，以至于我一定要做到。

稻盛和夫也说："我坚定一个信念，那就是内心不渴望的东西，它就不可能靠近自己，亦即，你能实现的，只能是你自己内心渴望的东西，如果内心没有渴望，即使能实现的梦想也实现不了。"

你渴望的那件事，会成为你人生的一条主轴线。你会为此奔波、为此忙碌、为此自我改进和提升，一边经历进取的挫折，一边变得快乐和深沉。

还不止于此。更大的好处，是你完全从琐碎中抽离。如果没有这条主轴线吸住你，你很可能会无所事事，可能在泥地里与猪欢快打滚，可能斤斤计较拿不上台面的事，也可能被别人的言行操纵着自己的情绪，越参与，越虚弱，又无法自拔。而能够时时刻刻回到自己主轴线的人，免除了这些无力的痛苦，他总能挺拔地活着。

过程自然很辛苦，可能会遇到不理解，可能会遇到失败，也可能会遇到困难，但无论如何，做自己喜欢的事情，即使有困境，也能用更积极的心态去应对。

暗示自己运气好这件事特别有用，人一旦有了正向的气场，很多事情都会不一样，你相信自己能做到的话，其他人也会更愿意伸出援手。

真实的灵魂自有引力，当你真心渴望某样东西时，整个宇宙都会来帮忙。

这不是什么魔法和玄学，我更愿称之为吸引力法则。当你想放弃时，整个世界都在离你而去；而当你想争取时，想要的东西也会离你越来越近。

现在就去找找让自己兴奋、有成就感的事，去体会那种挑战、较量的过程。

你会发现，当你投入其中去做一件事时，你只会关心自己脚下的路。

你要快乐，
不必正常

不必太在意那些"必看、必吃、必去"的榜单和总结报告，
好像生活只是一张任务清单，那真的很无聊。

没有必须要看的风景，没有必须要吃的美食，没有必须要做的事情。
人生可以随时开始，可以随时放下，生活是自己的，美也是自己发现的。

既然已经上了淘气鬼榜单，那还不如干脆名列榜首。

1

传说中的四大宽容：大过年的；多大点事；都不容易；来都来了。

人为什么活着？来都来了……

但是，千万别在江小小面前提"来都来了"这四个字，否则她一定会炸毛。

前段时间，江小小初中同学聚会，本来不想去，但班长软磨硬泡，天天微信轰炸，还说一切都由他来安排，她人到就行。话都说到这份上了，江小小也不好意思拒绝。

结果，去了之后……就想换个快乐星球生活。

聚会地点选在哪儿呢？说出来没笑死我——动物园。我的天啊，七八个大人背着小书包，不是，是背包，去动物园。虽然我从来都主张大人要保留必要的天真，但这也太致命了。

问及原因，原来当年他们毕业时，集体去了动物园。班长就想旧地重游，重温美好的旧日时光。

第一站，去猴山看猴。看就算了，班长还招呼大家合影留念。大家大眼瞪小眼，谁都不愿意。

班长挨个把大家往前推："哎呀，来都来了，一起合个影吧，这是珍贵的回忆。"除了班长笑得像个二百斤的胖子，其余人的脸上都是同一款的"杀了我吧"。

拍照时，江小小看到不远处有一个小男孩，一边跺着小脚一边和妈妈说："我要看猴，我要看猴，他们挡着我看猴了。"

江小小当时心里想："还看啥猴啊，我不就是猴吗？"

接下来各种动物看了一圈，合影社死一个不少。

逛了大半个动物园，大家都累了，班长却像打了鸡血一样，组织大家划船。

看大家兴致不高，班长又说："来都来了，让我们泛舟湖上，领略祖国大好河山。"祖国大好河山都搬出来了，谁能拒绝啊！

拖着疲惫的身子上了"贼船"，江小小胳膊差点没摇断了。下船之后，每个人的手都在抖。

班长还不停挖苦道："你们平时都不锻炼吗？划一下小船手就抖成这样，真的不行啊。"

可算走到终点了，每个人的脸上都洋溢着劫后余生的喜悦之情。班长似乎并未尽兴，还要一起吃饭，并且执意带大家去了附近一家脏兮兮的小饭店。

每一个碗碟似乎都被苍蝇亲吻过了，至于饭菜……用夏目漱石的话说："就像十九世纪没卖出去，二十世纪又砸在手里的赔钱货。"没有人有勇气做第一个夹菜的人。

班长又来了，说："来都来了，好歹吃一点，要是饭菜实在不可口，我给大家唱首歌助助兴吧。"

此话一出，所有人都表示自己饿了，大家拿出饿了几天的架势，闭上眼睛，也不管里面是否夹了苍蝇腿，全给吃光了。

最后，班长很满意，说以后有机会还得多组织聚会，顺便挖苦了大家的体力问题——划船划成那样，太缺乏锻炼了。没人接话，只想快点结束。

大家唯一的请求就是让班长千万不要把合照发到群里，要发就单独发给个人。

回来之后，江小小好一顿跟我吐槽。

我挖苦她："你要是把对我的强硬态度拿出来 10% 来对付你们班长，都不至于这么惨！"

"我们班长笑得像个弥勒佛一样，谁好意思拒绝。但你放心，以后打死我都不会参加同学聚会了。"

江小小貌似还患上了"被刺激后"应激障碍，很长时间里都觉得江乱跳看她的眼神都像在看猴。

要不怎么说出去玩一定要和"对的人"一起，因为对的人会让你感觉时光飞逝，而不对的人只会让你痛苦到度日如年。

"来都来了"是一个可怕的魔咒，只要有人对你说出这四个字，你就会像中邪般地买票去最坑爹的景点、玩命爬最艰险的高山、吃下最难吃的饭菜。

所谓"来都来了"，无非忍忍就过去了。而有的人特别善于拓展这几个字的功效，以此达到舆论绑架的效果。

比如："不能太特立独行，不能太在意自己的感受。和人相处要让别人舒服，不要那么敏感。"

"有情绪是不好的，有自己的想法是不对的，和别人不一样是糟糕的，别人都这么做你为什么不能？人就该在合适的时候做合适的事情。"

"太要强不好，没必要非得追求最好，平凡可贵地过一生，才是大多数人的归宿。"

于是，就会有人放弃自我意识，丢掉内心秩序，试着去迎合，按照别人的想法生活，然后又怨恨自己：为什么没活成自己想要的样子。

一定要保持清醒，不要被一些看似真诚，实则是绑架的话术套牢了。

"来都来了"也并非贬义词，语言就像工具，如何使用，完全掌握在使用者手上。

少听别人口中的"来都来了"，要多对自己说"来都来了"，这叫反向操作。

当一个千载难逢的机会摆在你面前，你不敢争取时，要对自己说：来都来了，我就是要试一试，无论成功还是失败，至少我尝试过。当缘分出现，你不知道该不该表白时，要对自己说：来都来了，我就是要勇敢表白，哪怕被拒绝，至少我不会后悔。

当你看不到前面的路，想放弃时，要对自己说：来都来了，再坚持一下，也许就能看到希望。

一辈子那么长，不必因为别人的言论而踟蹰不前；一辈子又那么短，不能因为自己的怯懦就放弃无限可能的人生。

你来人间一趟，就是要按照自己的心意，做出自己的选择，承担自己的人生，过不后悔的生活。

来都来了，那就精彩地活一次呗。

2

世界上最难的事，就是摆脱他人的期待，无视他人的指指点点，直面他人的不理解，找到真正的自己。

知乎上有一个问题是：如果不考虑薪水、尊严、面子，你最想从事什么工作？

有一个回答让我眼前一亮：新西兰有一种工作，有人会在下雨天搭直升机巡逻草原。他要找到那些倒在地上的羊，因为那些羊的毛在下雨天吸了太多水，会倒在地上起不来。他就要找到那些羊，然后一只一只地把它们扶起来，摇一摇，把它们身上的雨水抖掉。

我也问过一些朋友，如果不考虑收入和现实的话，你会选择做什么工作?

宝莉说:"大概是做歌手吧。"

宝莉唱歌真的很好听,是我司麦霸,每次出去聚餐都是氛围担当。有一次,她凭借一己之力和男子组飙歌,把仁哥唱到缺氧、直翻白眼。

她大学时组过乐队,自己写过歌,还在毕业典礼上表演过。那一刻,用她的话说,"就是整个舞台上最靓的崽"。

但是毕业后,她把歌手梦关在 KTV 里,迅速投身朝九晚五的打工生活。没能成为一名歌手,倒不会是人生最大的遗憾,但偶尔夜深人静时,宝莉会幻想自己成为巨星。

而朋友鲁彬彬也有话要说,他说他想做吟游诗人。

"这可真够天马行空的。"

"你不是说不考虑现实吗?"

"对对对,你继续说。"

鲁彬彬想背着吉他浪迹天涯,最好给他配一匹马。他骑着小马,无惧世俗的眼光,走到哪,唱到哪,把歌声传遍世界的每一个角落。

女友韩文文说:"你可别带着我啊,我宁愿在家躺着。"

而现实是,他只能在家里拿着一把吉他,一遍一遍地给韩文文唱陈奕迅的《吟游诗人》:"你喜欢不停游走,到不同地方演奏,我喜欢拖你的手,幻想天长地久……"

刚开始,韩文文觉得很浪漫,总是沉醉在歌声中,现在一听,马上捂着耳朵逃走。

大家都想过点不一样的生活，但也就止于想想，都会说"世界那么大，我想去看看"，但真正去做的，我身边反正一个都没有。

因为我们害怕，害怕别人说我们奇怪；我们担心，万一失败了，自己要怎么办；我们更加无法忍受，本来已经灰头土脸，还要听别人的那句"我早就提醒过你了。"

其实，选择什么样的生活，决定权不在别人嘴里，不在别人手上，它只在你的心里。

眼睛要少盯着别人，多问问自己：你想过的那种生活是真的喜欢还是为了哗众取宠，让别人觉得你酷？是真的喜欢还是故意与大多数人作对？是真的喜欢还是只想逃离当下的困局？

不要盲从，不要恐慌，要清醒，更要勇敢。

不必太在意那些"必看、必吃、必去"的榜单和总结报告，好像生活只是一张任务清单，那真的很无聊。人生的重点在于自我感悟，而不是别人告诉你该如何。没有必须要看的风景，没有必须要吃的美食，没有必须要做的事情。人生可以随时开始，可以随时放下，生活是自己的，美也是自己发现的。

这些年我身上最大的转变就是，越来越能接受自己的"不被理解"了。只有认识到"让所有人都赞同自己"这件事不现实，才能真正过好自己的生活。

时间那么宝贵，我们都要活在自己的时间线里。人的心之所向需要真空包装，然后加以坚守。让自己高兴永远都是第一法则，有没有被认可都没关系。

我们都要在追逐梦想的道路上，少一点随波逐流，多一点"我想要"。当别人都不支持你做某件事的时候，那不意味着放弃，而是你将孤军奋战了。

3

一定要赢在起跑线吗？
一定要拿第一名吗？
一定要做到最好吗？
一定要每个人都活成一种样子吗？

我们的焦虑感太强了，总是盯着别人，为什么别人可以而我不可以？

爱因斯坦说："如果你根据能不能爬树来判断一条鱼的能力，那你一生都会认为它是愚蠢的。"对自己有要求是好事，但畸形的攀比或者刻意的模仿只会让人丢失自我。

每个人心里都有一座火山，不要活成了卖火柴的小女孩。
很多人被现实磨平了棱角，逐渐泯然众人，但总有人突围而出，活得多姿多彩。因为爱惜自己仅此一身的羽毛，他们努力抵制同化与相似；因为想活出真实的自我，宁愿付出更多的勇气和努力。

所以，当你想要与众不同时，别急着用世俗的标准衡量自己，先放下"从来如此"的狭隘和偏见。

去找到自己的热爱，找到一种私人定制的活法，找到有趣的玩法，找到不是复制粘贴的生活形式，才能活出自己。

每个人都有自己的花园，有自己纯粹的满足和快乐。你精心挑选种子，耐心地浇水施肥，等待植物生长出来。但从未有人规定，大家都要种同一种植物。别人都在种麦子，你可以退出来去种玫瑰，这样世界才会一片姹紫嫣红和遍地芬芳。

活出自己，是对独一无二的生命最好的回馈与感恩。

参差多态，才是幸福本源。

你可能有奇思妙想、不合常规的视角；有敏感的、不易被觉察的感受；有标新立异、不被理解的观点；有孤注一掷、不被看好的坚持；有私藏的、不符合主流的喜好……正是这些或细微或宏观的"不同"，让你逃离了循规蹈矩、随波逐流，成为一抹颜色不一样的烟火。

高兴快活很好，乏味无聊也很好；爱情滋润很好，享受孤独也很好；变成大人模样很好，童心未泯也很好；游走世界很好，宅在家里也很好。世界那么好，你不适合这个规律也很好。

你要快乐，不必正常。

你不一定非得长成玫瑰，你乐意的话，做茉莉，做蔷薇，做无名小花，做千千万万的小草都可以。

你也可以当冰柜里的冷门饮料，薄荷味的，销量不一定好，但有人就是喜欢这味道。

从今以后，不用成为某个人，去成为自己的理想型。既然已经上了淘气鬼榜单，那还不如干脆名列榜首。

来都来了，那就过一个有胆量、有个性、有自我的人生吧！

购物车里的宝贝可能明天就下架,

想去的那家饮品店或许后天就关门,

这一秒的夕阳你不抬头就永远错过,

八岁时最想要的玩具长大后就不想玩了,

二十五岁再买十五岁时喜欢的裙子,已经不喜欢了。

很多事没有来日方长,你要现在就快乐。

有时不是生活不够甜，
而是它不如你想象的那么甜

人类很奇怪，
一旦得到某样东西，就会忘记当初趴在橱窗上看它的心情。

不要抱着"我坚信有一个人正翻山越岭向我走来说爱我"的心态去对待你的生活。
当你把现在的每一天都当作是对未来的铺垫，那每一天你都活在等待里。

爱情也只是蛋糕上的那颗草莓，
有它没它，你都一样甜才对。

1

对一件衣服最在乎的时候，大概是买的时候。款式、颜色、搭配、剪裁，小心翼翼观察，总想用最划算的价格买到最合身的衣服，然后在某个场合被夸奖，内心万马奔腾，表面却淡定地说一句"还行吧"。

对一双鞋最在乎的时候，大概是刚穿上它们的前几天，谁要是敢踩一脚，能和对方拼命。

对一个人最在乎的时候，大概是刚看对眼的时候。他的一切都很完美，再加上月色温柔，小鹿乱撞的激动不已，最好能交换一句对方诚恳的邀约。

可惜，很多人打开衣柜，总觉得没有衣服穿。

可惜，很多人即便在一起，也未必能长久。

清桐是一家画廊的老板，常年与艺术品打交道，这或多或少让她变成了一个对完美过分偏执的人。大到人生的十字路口，小到一次饭店点单，总是权衡思量，为的就是在众多选项中，排列组合出最佳选择。

她对一顿饭的要求是，不仅美味，还要环境优美，价格亲民；她对看电影的要求是，必须是全场最中间的位置。去一次健身房，就想瘦五斤；发一条微信，希望对方秒回；认识一个人，当然也要各方面都很完美。

从十几岁开始，清桐就在期待一场绝美的爱情。

和很多女孩一样，她当然幻想过最浪漫的求婚场景，鲜花是标配，还要有香槟和恰到好处的灯光。男孩的头发整洁，笑容温暖，最重要的是那双眼睛充满柔情和爱意。

下一秒，他就会单膝跪地，而她会满脸娇羞地说：我愿意。

她有无限的想象力，经常在脑子里上演爱情小话剧。

时而内心澎湃，好像下一个转角撞上的人就是一路斩妖除魔向她赶来的王子。每次看手表的时候都会想，秒针又走完一圈，我的王子距离我又近了一分钟；吃一口汉堡也在想，万一这样胖下去，王子见到我不喜欢怎么办？

时而如临大敌，那个传说中的唯一也许并不会出现；也许赶路的时候扭到脚，知难而返了；也许带着宝刀闯入山洞，发现和恶龙更有默契，相约着共度下半生了……

她在千回百转的情绪里辗转反侧：哪一个才是他？他会喜欢怎样的我？

于是，地铁里不小心撞到她的冒失男孩，是上帝为她选中的人；为她递上一杯咖啡的帅气店员，可能暗恋她很久；笑容热情的快递小哥，可能是流落人间的骑电动车的王子。

爱情充满阴差阳错，要的就是机缘巧合，什么都有可能。

还真的让她遇到了那个理想中的人，他头发整洁，笑容温暖，最重要的是眼睛里充满柔情和爱意。没错了,一眼就认定,就是他了。

我以为,她终于得偿所愿,总算可以消停了。

没想到,最近发现她又开始在社交媒体上发布伤感文字,这可不是什么好事。

果然,前天她来找我,证实了我的猜测。

她每次失恋,都会喝光我家里唯一的红酒,是的,我家里总会存一瓶红酒。喝完就开始哭哭啼啼拉着我说:"为什么一开始那么好的人,最后都会让人失望?"

清桐在爱情里有一个巨大的迷思,就是:一个人为什么远看魅力无限,近看就瑕疵点点呢?

有时是对方某方面的特点突然被她发现,让她觉得陌生,想逃;有时是她发现对方和想象中的样子差太远,类似于突然发现心中完美无缺的男神也会放屁这种事,让她幻想破灭,从此视为路人。

人类很奇怪,一旦得到某样东西,就会忘记当初趴在橱窗上看它的心情。

所以,她的每一段恋情都开始于无限美好的幻想,然后败给了时间久了的深入了解。

她好像只能接受限定时间内的爱情,总是带着完美滤镜靠近一个人，恨不得把所有聚光灯全都打在对方身上，一旦滤镜碎了，幻灭感自然就来了。

如果总是期待太多，那么经常失望就是难免的。

但清桐不甘心，继续发问："为什么失望的总是我啊？怎么别人谈了三四年还是那么甜呢？"

我知道她说的是鲁彬彬和韩文文。上个星期，他们庆祝了在一起1314天的纪念日，当时他们幸福地拥抱在一起，感染了在场的每一个人，清桐比当事人还兴奋。

谁又能想到，去年这个时候，他们还在为吃喝拉撒的小问题而冷战呢？

"你羡慕他们什么呢？"我问她。

"多甜啊，如果我也能遇到如此完美的爱情，还会一次次分手吗？"清桐从来不掩饰对他们的羡慕之情。

"你就看他们甜的时候啊，那他们不甜的时候呢？"

2

鲁彬彬和韩文文在相爱的一千三百多天里，也有八百次想要"掐死"对方的时刻。

去年吵得可凶了，不分手真的很难收场。说起来无非就是一些小事，都在气头上，看对方各种不顺眼。

韩文文洗脸弄得满地都是水，鲁彬彬说她："你是属龙王的吗，走哪儿把水带哪儿！"

鲁彬彬上厕所不关门，被韩文文指着脑门说："你是怕夹了尾巴吗！"

吃完饭，因为洗碗问题，也会大吵三百回合……反正，都是鸡毛蒜皮的小事。

冷战了很多天，都等着对方开口说分手，早分早解脱。

转机出现在韩文文生日前几天的一个晚上，她无意中发现鲁彬彬在偷偷上网买一款包包，那款包包她心仪很久了，觉得有点贵，一直没下手。

原来他还记得，原来他也没有那么烦我，还想着送我生日礼物。

结局当然很美好，生日当天，韩文文背着那款包包，和鲁彬彬开开心心出去吃饭了。

我对清桐说："怎么样，人人都羡慕的这一对璧人也会互相看不顺眼，也会因为鸡毛蒜皮吵架，你说你还要什么绝对完美！"

清桐当时一脸不可思议地说："真的假的啊，鲁彬彬上厕所不关门啊！"

这不是重点好吧。

重点是，想让爱情变得美好，就要试着不再期待完美爱情。

爱情不总是甜蜜的、美好的，它也有针尖对麦芒的时刻。只不过那些让人羡慕的情侣，在这些不美好的时刻也没有放弃，愿意接受时间的打磨与塑造，慢慢融合在一起。

爱人之间的舒适并不应该只有宠溺和甜蜜，更应该有对抗差异的底气和不能与他人分享的默契。

爱无法战胜的，相爱一定可以。就像鲁彬彬和韩文文在相爱的一千三百多天里，即使对对方失望了几百次，也依然在失望中生出新的爱意。

鲁彬彬会继续惹韩文文生气，韩文文也会继续和他作对。当差异、矛盾、争吵和在意、体贴、支持共存了，那大概是相爱该有的样子。

在爱情里，我们本来期待的其实就不是完美，而是能和那个人幸福地在一起。

比悲伤更令人悲伤的是什么呢？是空欢喜。清桐在内心小鹿乱撞过几次之后终于认清了现实，小鹿长大了，走路特别稳。

她慢慢放平了心态，开始享受暂时的单身状态。她把生活调整成自己喜欢的样子，心无旁骛地做自己，不再放大自己的想象力，不再让突然的闯入者打乱原有的心绪，不再因为没有爱情而死去活来。

用她的话说："爱情来时，我张开双臂为它接风洗尘；它不来，我也能一个人优雅地跳舞。"

结果，在没有任何期待时，那个人出现了。也许没有那么帅，但很温柔。他不会说小甜话，也不肯张嘴说一句"对不起"，但总能在一点一滴里感受到他的包容和体贴。而且最重要的是，他的眼睛每次看向清桐的时候总是充满柔情和爱意。

原来只需融入其中，命运自有安排。

后来清桐跟我说："其实我最想要恋爱、最想要被某个人拯救的时候，其实是最不适合恋爱的一段时间。那个时候我总是很怕孤单，想要很多爱，于是很想遇到一个完美的人，他什么都好，永远爱我，结果轻易就搞砸了。好像陷入一种恶性循环，因为没有人爱，就怀疑自己不值得被爱；因为自我怀疑，所以更加不可爱。现在想想，反而是在很好的状态里才更容易遇到喜欢的人。"

不要抱着"我坚信有一个人正翻山越岭向我走来说爱我"的心态去对待你的生活。当你把现在的每一天都当作是对未来的铺垫，那每一天你都活在等待里。

不管是单身，还是遇到了喜欢的人，都不要放弃自己生活的节奏。喜欢花的时候不必等别人送，可以给自己造一座花园。当你一个人也足够自洽和快乐的时候，那所有的遇见都是相逢。

爱情也只是蛋糕上的那颗草莓，有它没它，你都一样甜才对。

3

《小王子》里说:"如果你说你在下午四点来,从三点开始,我就开始感觉很快乐,时间越临近,我就越来越感到快乐。到了四点钟的时候,我就会坐立不安,我发现了幸福的代价,但是如果你随便什么时候来,我就不知道在什么时候准备好迎接你的心情了。"

幸福的代价,可能是快乐的,也可能是:"因为下午四点有约,所以我一整天都做不了任何事情……"

你有没有那种发布了什么东西,就眼巴巴盼着别人回复的经历?

比如,发了一条自认为很满意的朋友圈,然后没事就刷手机,不想错过别人的即时回复,然后你就体会到了什么叫期待落空。

很多事情都是这样,一旦你投入了过多的关注,你就被这件事绑架了,再也不能从容地面对了。

没有期待的日子,有时反而顺顺利利,而一旦有了期待,心情就会忽明忽暗。他怎么还不回复?我都这么努力了,怎么还不涨薪?都饿成这样了,怎么还不瘦呢?……

人一旦有了期待,就会变成幼儿园等人来接的小朋友。

小时候吃一颗糖是开心的,因为从不会期待那是一颗牛奶糖,还是一颗水果糖。

小时候玩躲猫猫是开心的,因为不会认为旁边跳皮筋的比自己更厉害，也不会因为自己被抓住就觉得丢脸。

小时候不会期待既定结果，快乐从不打折。长大后，视野丰富了，想象更多了，为自己制订宏观计划、对未来提前准备，成了顺其自然的事情，相比于结果是什么，更在乎结果和期待相差多少。

我们比小时候更不快乐，是因为我们总期待一个结果，一个和想象百分百契合的结果。

有时不是生活不够甜，而是它不如你想象的那么甜。

所以，解决失望和害怕的方法，是停止过度期待。

这家没来过的饭店虽然味道一般，但是餐具很美；这部电影剧情一言难尽，但是服装很美；这次健身没有减重，但是也消耗了卡路里；这条微信现在没被回复，但是没准一会儿就回了……

少些期待，生活会变得容易许多。

买一件衣服，权衡利弊之后就要坦然一点，就算遇到褪色、起球、缩水无法再穿，也没什么大不了；选择和一个人在一起，尽量多了解对方，如果遇到实在无法相处、性格不合、累觉不爱，也没什么大不了。

当你知道，今天买的不是衣柜里最漂亮的那一件，就轻松多了；当你明白，今天相爱的人未必一定要走到最后，也轻松多了。

我们并不是要做人生的最后一个选择，我们只是做一个选择，然后接受它。

永远不要为尚未发生的事拧巴。从现在起，不妨允许自己偶遇一些未知，成就一点意外。

对所有事情降低期待，那么所遇皆是惊喜。

生活没有那么糟，就像养了一只永不爱你的猫，

不爱你的猫偶尔会来蹭蹭你的小腿。

要记住生活中那些好极了、棒呆了、太酷了的瞬间，

在难熬的时候，

用它们来回击每一个糟透了、弱爆了、太逊了的时刻。

人生是一场
漫长的自娱自乐

原来,人长大真的会失去很多,
比如失去哄骗自己的能力。

生活就是自己哄自己,
把自己哄明白了,什么事都解决了。

讨别人欢心只是小聪明,
每天都能讨到自己的欢心才算大智慧。

1

我们部门有个小助理,一开始大家都叫她小马。有一次她的朋友来找她,无意间被我们听到,朋友叫她"宝莉",原来是小马宝莉啊。我们拼命捂嘴忍笑,才没在她朋友面前失礼,从此宝莉这个名字就传开了。

最近我发现,宝莉经常坐在工位上碎碎念:"好累啊!""可累死我了!""怎么这么累呢!"

我确实能够清晰地感觉到宝莉的疲惫,不是身体的累,是从心底生出的一种倦怠感。每天下班的时候,整个人就像抽空了一样,不像从前,下班时间一到,体内多动症因子就自动唤醒,吵着嚷着要出去嗨,现在只听她说要回家躺平。

有一天,我数了数,她一上午,共说了十一次关于"累"的相关句式。

下午和客户开会的时候,她竟然也没忍住,说了一句:"我真是太累了。"

我刚想伸腿踹她,没想到客户也探过头来,说:"是啊,其实我也挺累的。"仿佛能看见客户满脸写着四个大字:生无可恋。

我默默收回了腿,继续开会。

客户走后,我好奇地问她:"每次喊累的时候,你都在想什么?"

她愣了一下，回答道："好像也没过脑子，就是想呼出那么一口恶气吧。"

"但我怎么感觉你今天一直在'摸鱼'呢？"

"是啊，很奇怪啊，明明一天什么也没做，但还是会觉得累。"

回想起宝莉刚入职时的状态，就算加班到很晚，第二天依然能精神抖擞地来上班。而现在，明明没之前那么忙了，做起工作也更得心应手了，反倒时常陷入疲惫。

"有时候我不得不承认自己是一条咸鱼，可能还是一条废咸鱼，和我一起进公司的小黄，这个月到手工资是我的两倍。"宝莉突然垂头丧气起来。

"将薪比薪"是找不痛快的快捷方式。

也不能那么比，小黄是销售部的，收入主要靠的是提成。但不得不说，他现在是销售部的红人，每个月的业绩直线上升。

两倍的工资确实不是个小数，这意味着可以租一个更舒服、通勤时间更短的房子，还可以养一只宝莉心动很久的蓝猫，也许还会攒下一笔不错的存款。

宝莉情绪很低落，我就劝她："你不能老看着别人，你的坐标只能是你自己。"我本来想说"以后都会有的"这样的话，但后来想想没有多大的说服力，倒不如认清与接受现状——你没有，是因为现在的你确实不可以。

我劝她的时候小嘴吧吧的，轮到自己也想眼泪哗哗啊，我也挺累的。

类似小时候那种得知第二天要全班一起春游，兴奋到前一天晚上根本睡不好觉的全身心都无比期待的事情，实在是越来越少了。反而只有类似得知第二天要团建，烦躁到前一天晚上根本睡不好觉的全身心都无比抗拒的事情越来越多。

妈妈显然无法理解我的累："你天天坐办公室，累什么！"就像我小时候说腰疼，她总说："一个小孩，哪有腰！"

2

和心累相比，身体上的累真的什么都不算，内耗真的能把一个人耗死。

感到特别心累的时候，有些人可以从音乐、漫画、电影等作品中得到某种救赎，有些人则完全不行。从以往的经验来看，我基本上属于前者，但后者出现的频率，随着年龄的增长变得越来越高。

在生病和疲惫不堪时，无论什么形式的艺术熏陶，我都难以摄取，只想一味地躺着打滚。

有时候，我觉得自己是一只瓶子，大多数时候我满着，偶尔只想空着。

有人说成长是人类必经的溃烂，有人说成长是人类必经的阵痛，我倒是想说，成长怎么那么倒霉，就没一点好事吗？！

但是成长也确实会改变一个人，甚至会让人变得很奇怪，比如泪点。

小时候会因为难过而号啕大哭，长大后不会。越长大，越不会因为难过哭出声来。

遇到很大的困难时，就算想哭，心里也明白，哭闹浪费时间，问题逃避不了，早晚要硬着头皮解决。所以困难越大，就越是咬紧牙关，常常忙到飞起，哪还有时间闹情绪啊，回家倒头就睡了。

反而是在一些小事上瞬间变成泪失禁体质，看到陌生人温暖互助的瞬间，会因此开心和热泪盈眶；看到野鸭妈妈带着宝宝过河，会因美好而偷偷抹眼泪；收到朋友突如其来的问候，心里会突然一软，塌下去一块，由此而哭出声。

可能是因为困难时总是让人无暇顾及美好，等到终于有了喘息的瞬间，才会那么容易动容。

也会借由一些小事而哭。走在路上忽然摔了一跤，或者不小心打翻了刚买的水果茶……平时可能说着"啊，搞砸了"就当笑话一样过去的小事，但是现在却忍不住眼泪扑簌扑簌地流了下来，甚至像孩子一样崩溃大哭。

越长大，泪点越是奇怪。

你看到我因为一朵乌云而哭，但其实让我哭出来的，不仅仅是那片乌云而已，还有昨天撞疼的小脚指头，前天差一分钟打卡的懊恼，以及无数个自己深感无力的瞬间。

成年人所谓的郁闷，就是灵魂失去了哄骗自己的能力。

每个年轻人的成长，都将经历这一步，在成长中，逐渐失去对生活的热情，失去这个世界上最宝贵的好奇能力，归于郁闷，归于丧气。

那些隐匿的、置之不理的、假装没事的情绪都会在某一刻达到顶点，满了，你就再也无法欺骗自己了。

3

之后，我和宝莉重新回顾了一下我们的生活状态。发现：我们似乎陷入一种重复性的恶性循环里。不断地内耗自己，上班、工作、下班、打游戏、刷剧、睡觉……看似很有规律，实则是缺乏惊喜的机械化模式。

内耗比内卷更可怕，内卷是关于人与人之间的竞争，但内耗更像是一个人和自己的斗争，都不用等别人动手，自己就把自己消耗殆尽了。

生活是需要唤醒的。

正如《夏日十字路口》里说的："换另一种牌子的香烟也好，搬到一个新地方去住也好，订阅别的报纸也好，坠入爱河又脱身出来也好……我们一直在以或轻浮或深沉的方式来对抗日常生活中那无法消释的乏味成分。"

世界运行的规律是变化，汽车会生锈，书页会发黄，技术会过时，但毛毛虫会变蝴蝶，黑夜会变白昼，抑郁也会消散。

于是，我们决定进行一场先锋性和实验性的改变，每天做一点儿不同的事，来对抗那些郁闷的时刻。

改变没有限制，换一条下班的地铁、戴一个新耳环、尝一杯新出的奶茶、捉弄一下我们上司秋玟（瞎说的，不敢）……只要是没做过的尝试，都可以。

宝莉选择不让自己困在一些小懊恼里。

以前，她会因为柠檬茶洒在白裙子上；外卖汤底漏了一半；饼干碎掉在键盘里；走出房门撞到门框；在早高峰的地铁上睡过头……而责怪自己不断搞砸每件事，并得出结论：我就是一个很糟糕的人。也因此，她总是很暴躁。

总是用很小的挫败，去给自己贴上"我很糟糕"的标签。原来人长大，真的会失去很多，比如失去哄骗自己的能力。

决心改变之后，她告诉自己：这些小挫败，只是生活长河里激荡起的小浪花，它们并不代表我就是一个糟糕的人。我是谁啊？自言自语六级；心里话八级；花式单身大赛赛区冠军；熬夜杯曾九次夺冠，这么厉害的我，哪里糟糕了！

而我，每周一固定浏览星座周运，然后把会发生好事的日子标记在日历上。

我也没有多么相信星座，就是希望有个人能信誓旦旦地把好运告诉我，让我可以在周一就提前预支还没降临的快乐。就像小时候，姥爷总是摸着我的大脑壳对我妈说："这个小家伙，脑袋里有两台机器在运作，不是一般人！"而我妈每次都很高兴，到现在还相信我的头这么大不是没有原因的。

"愿望说出来就会不灵"的想法导致我们不敢相信命运的好结果会直接发生，要仰仗于他人之口说出来才能让自己信服。

人类脆弱得要死，又强韧得要死，所以大家嘴巴都甜点。你不经意的一句夸奖就可能让一个人挺过无望的日子，这种事情每天都在发生呢。

昨天下班，宝莉拉着我就要往外走。

"别干了，走啊！"还不小心薅掉了我的一根头发，这下好了，"薇薇安"被薅掉了，我恨她！

"你是不是疯了啊？要造反啊？"

"不是，到点下班了，出去逛街，然后大吃一顿犒劳犒劳自己，再仰天大笑回家睡觉。"

我一边收拾东西一边问她："怎么了，想通了？"

"是啊，快乐也是一天，难过也是一天，我为什么不选择快乐呢？我要永远年轻，永远躁动起来。"

这才是我认识的小马宝莉啊！

如果说一切生活最终都会指向倦怠，那或许该做的不是解决倦怠的生活，而是解决生活的倦怠。

每次遇到不好的事情，不妨留意一下最近的生活有没有小惊喜发生，要刻意引导自己，让自己相信这世界上会有"因祸得福"的事情发生。

很多时候，就是需要适当的自我欺骗来维持好心情，如果你现在不开心，就当是为明天的好运蓄力吧。

人是真的会变好的，只要你相信自己会变好。

朋友们，如果可以的话，尝试一些小变化吧，然后一点点推进，看着自己在一天天变好的那种感觉，真的好好啊。

改变形象气质、改变相处方式、改变思维想法……改变本身就是对乏味的宣战，每一个在秩序中稍作改变的人，都值得致敬。

哪怕白水煮面，也要撒点葱，就像与平庸的生活正面交锋。

一切都还来得及，每一天都让自己变好一点点。把生活的控制权抓在自己手里吧，喜欢什么样的生活，想要成为什么样的人，就从此时此刻做起。

4

生活就是自己哄自己，把自己哄明白了，什么事都解决了。

要多多使用精神胜利法，没事就多犒劳自己，否则这日子怎么熬得下去啊。

江小小就是典型的易犒劳体质，什么意思呢？就是有事没事就对自己进行封赏，有时候甚至厚颜无耻地用"虽然我今天什么也没有做，但还是辛苦我了"来奖励自己。

前两天她告诉我："我用两天做完了一个PPT，截止到目前，据不完全统计，已经奖励自己手机壳两个、裤子一条、气泡水五瓶、啤酒一箱、咖啡无数杯。"

为了犒劳自己，江小小到底能想出多少个奇妙理由？

"今天的总热量没超标，还能吃上好几口。"

"每天都要跟自己说，您辛苦了。"

"狗子江乱跳的生日到了，买个蛋糕犒劳努力'铲屎'的自己。"

"今天健身效果不错啊，奖励自己一顿火锅吧。"

"跑步经过烧烤摊，忍住了没吃，第二天犒劳自己一块芝士蛋糕。"

"做人最重要的是开心，别看我很穷，我掌握了一百种犒劳自己的办法。"

……

犒劳不分大小，都是给自己积攒期待和信心的过程。

在生活的巨大压力和高强度的工作下，允许自己喝一杯奶茶、从购物车里选一件想要的东西下单，或者干脆坐着发呆，每一件毫不费力的事都会成为一种犒赏，无论是对身体还是对心灵。

"易犒劳体质"不能和"不想努力"画上等号，我始终相信，当你做一件事，痛苦大于成就感，那你恰恰需要"动机十分不纯、目标非常容易达成、对自己评价高到离谱、进度管理适度宽松、努力追求乐趣"这种愉悦方式。

人生是一场漫长的自娱自乐。讨别人欢心只是小聪明，每天都能讨到自己的欢心才算大智慧。

炎热的午后，我一觉醒来，口渴难耐，含了一根雪糕在嘴里，边嘬边在窗前看风景，当时心中只有一个念头：我过上了一觉睡醒就能吃雪糕的生活。天哪，我是五岁的自己的英雄，怎么搞的，真是了不起啊，你这家伙。

世界上就是有人讨厌香菜，不喜欢桃子，不爱喝汽水。

对他们而言，优秀的香菜和差劲的香菜，

甜美的桃子和烂掉的桃子，都是一样的。

有人不喜欢你也很正常，

因为喜欢和"你多好"本来就没有关系。

你要去认识喜欢你的朋友，去爱不会让你流泪的人，

去自己想去的远方，去完成心仪的梦想，

去成为最想成为的自己。

为什么我们都是

双下巴呢？

因为一个下巴太孤单了

"对方正在输入"的快乐，并不单单是因为秒回，

而是你感觉对方十分想和你聊天，也十分在意你的情绪；

是你知道对方对你感兴趣，想要疯狂地跟你交流；

是不再害怕分享的心情被错付；是被认真爱着的感觉真好啊。

好的爱情，大概就是明知单身真的很爽，

但如果是你，我甘愿坠入爱河。

1

我司新鲜出炉一对"伉俪"——呕吐组合。

他们一个姓欧阳,一个叫欧拉,简称呕吐(O2)组合,不是我们故意埋汰他们,实在是因为他们在一起后,常常让人甜到掉牙,炒菜都不用放油。

最著名的一个事迹是:

中午在食堂吃饭,本来一桌人吃得好好的。

欧拉突然跟欧阳说:"医生说我湿气太重了,需要一样东西。"

"你成天喝大凉饮,可不湿气重嘛!那医生怎么说?"

"医生说,湿气重,需要亲热解毒。"

呕,我们一桌人直接被"恶心"得换了一桌继续吃,这可真受不了啊。

欧阳超级爱玩,真实上演什么是"男人至死是少年"。

每天都兴高采烈的,变着花样在生活里玩一些小花样。周末的时候,他会带着欧拉去爬山、去扑蝶、去看海。在海边时,会乐此不疲地在泥里挖各种贝类,还在沙滩上筑起了沙堡,说是魔仙堡。

他还常常出人意料,有一次,他对欧拉说:"你知道吗?我总是习惯在枕头底下藏一把刀。"

欧拉很警惕,"你要干吗?"

欧阳一脸坏笑地说:"以防你突然送我一块蛋糕。"

甜腻了都，吃饭根本不用点甜品。

其实欧拉本来是文静甚至比较宅的人，怎么和欧阳在一起之后就"不正常"了呢？开会时，会肆无忌惮地和欧阳隔空比心，完全当我们都是透明的。

恋爱真的会给一个人带来很大的改变，如果是好的改变，有什么不可以呢？

2

我们的好奇心随着他俩的甜腻程度逐渐上升，很快，机会来了。

这天，我司几个部门联合团建。女子组坐缆车上山，男子组抬东西步行上山。而"大侄子"作为"皇亲国戚"，自然也跟着坐缆车。

坐在缆车上，我们开启"逼供"模式，疯狂八卦他们的二三事。

为什么在一起之后，变化那么大？

欧拉美滋滋地说："大吗？也就是废话变多了。我记得有一次，手被门夹了，破了皮，其实一块创可贴就能搞定。但是当时理智全部消失，立刻把这个小疼痛告诉他，等着他说一句安慰的话。"

日剧《四重奏》里说："告白是小孩子做的，成年人请直接勾引，基本上来说是三种套路。变成猫，变成老虎，变成被淋湿的狗狗。"果然恋爱中的人就像一只可怜兮兮的小狗，想要被喜欢的人摸摸头。

"大侄子"听得入迷了,不停地说:"多说点,多说点,甜死我算了。"

"但为什么是欧阳?"宝莉总是急性子。

欧拉想了想说:"大概是他总能让我体会到'对方正在输入'的快乐吧。"

欧拉继续说:"你们知道吗?微信'对方正在输入'的提示,只有对方在收到消息的 10 秒内打开对话框,并且马上把文字输入到对话框里,你才会收到'对方正在输入'的提示。"

真的假的?我们赶紧打开微信试了一下,还真是。

原来啊,超过 10 秒被认定为不重视这段回话,所以不会显示这个状态,避免接收方不必要的兴奋度。果然官方设定最为致命。

和欧阳在一起后,什么都想跟他分享,而大多数时候,她都会看到"对方正在输入"的提示。

"今天的夕阳可太美了,真想和你一起看,可惜你在加班。"

对方正在输入……

"我在窗户上看到了,你有没有看到一朵像兔子的云?发给你了,是不是特别像?"

"今天中午食堂的菜都太咸了,幸亏你没在公司吃。"

对方正在输入……

"刚才和客户去的那家餐厅真不错,下次我们一起去吧。餐厅里有一款汽水,真是小时候的味道,一下把我拉回十几岁的时候,你都不知道,那个时候我多蠢多笨……打包了一杯奶茶给你,等我。"

"我刚才看到吵吵闹闹二人组又杠上了,就在人事部那条走廊,你可别往这边走。"
对方正在输入……
"吓死!赶紧有多远跑多远。"

"好困啊,我一会儿睡着了没回你,别担心。"
对方正在输入……
"你呀,困了就睡,不困我陪你,你醒了就给我发消息,我醒了就回你,虽然事情总要分先后,但是你先,全世界后。"

网易云音乐热评有一句话:"那天我在街上看到一棵奇形怪状的榕树,第一反应竟是拍下来给你看,我就知道我完了。"
真的一点儿都没说错。

欧拉还沉浸在快乐中,"每次看到'对方正在输入'真的难掩内心的窃喜,对我来说,最幸福的事,就是我说了一大堆废话,他没有不耐烦,还愿意顺着话头继续说下去。"
说真的,这种快速你来我往的聊天模式真的太让人上头了。当"对方正在输入"这六个字出现时,似乎已经看到屏幕那一边小心谨慎的样子了,有强烈的表达欲,但又在写完之后删掉几行,然后再写上几句，反反复复，每一次聊天都有着考试交卷般的认真。

安全感就会从心底慢慢涌上来了，谁能拒绝得了这种倾诉欲被对方稳稳托住的感觉呢？

人类的本质是双标：

当你 10 小时没回别人信息：人不可能 24 小时都拿着手机啊；

当别人 10 分钟没回你信息：他们一定是讨厌我，我一定要查出原因。

我一直认为，现代人的倾诉欲是有时限的。

比如，我昨天很想说：路过了一家花店、猫吃了半个罐头、新发现了一款好喝的饮料、刚看的电影还不错、夜跑多跑了二十分钟……很多乱七八糟的东西，一直找不到机会说。

如果今天有人问我：你昨天想说什么？

我会说：都是些无关紧要的事情罢了。其实是因为那种急切想和对方分享的心情早就没了。

"对方正在输入"的快乐，并不单单是因为秒回，而是你感觉对方十分想和你聊天，也十分在意你的情绪；是你知道对方对你感兴趣，想要疯狂地跟你交流；是不再害怕分享的心情被错付；是被认真爱着的感觉真好啊。

聊天有很多种形式，但是对方是以什么样的心情在跟你聊天，才是最重要的。

浪漫不一定是烟花绽放的那一刻，不一定是走过万水千山只为见一面，不一定是风花雪月。浪漫也可以是我跟你分享的每一个点滴，是日常生活中那一朵好看的云，那一场午后时分的小雨。

我跟你说想看看你那边的海，不是因为我没看过海，不是因为你拍下来的照片有多好看，是因为我想要你也跟我一样，把你所看到的事物满怀期待地，踮起脚尖，轻轻柔柔地送进我怀里。

如果不是因为"想把这些美好分享出去"，可能日后回忆起来都觉得一切都平淡无奇、乏善可陈。而"分享给别人"这件事本身，也会让人发现很多生活中可爱又浪漫的时刻。

爱对了人，每个人都是话痨。

石田良衣在《十六岁》中写道："有个能陪我聊聊天的人，比看电视吃饭更重要。比如今天天气不错，我就能对她说，天气不错啊。如果天冷了，我就让她添件衣服。"

言语的力量有限，但我会竭尽所能接住你的话题。我帮不上你什么忙，但哪怕只是说说话，也是好的。

因为是你，所有的文字都变成了金句，连流逝的时间和无聊的废话也都成为恋爱的纪念品。

两个人彼此不厌烦，一直有话说，那可真是最高级的浪漫。

3

恋爱的本质有时候就是把一切简单的事情复杂化。

本来你可以快速决定看什么电影,然后只需走进影院,现在不仅要考虑两人的喜好,还要等另一个人上厕所。

本来你可以洗完澡马上睡觉,但现在要等一个人的晚安,要躺在床上聊几小时,才舍得关灯。

本来你可以随随便便吃一顿晚餐,但是因为对方的出现,你精心化了两小时的妆,还提前两天紧张地预订了餐厅的观景位。

但正是这些"多出来"的部分,才让你体会到了恋爱的快乐。这种快乐是新鲜的、前所未有的、被你们徒手创造出来的。

这也从反面证明了,如果一个人的出现对你生活做出的改变是减法,那你就要考虑他存在的价值了。

你本来可以一个人开开心心去看电影,因为他的爽约,你不但没看成电影,还生了一肚子闷气。

你本来可以洗完澡立马上床睡觉,因为没等到他的回复,失眠到天亮。

你本来可以随随便便吃一顿晚餐,却因为不断迁就他的口味,而让自己丧失了食欲。

这样的感情就是完完全全逆向行驶,有害身心健康的。

爱情，双向奔赴才有意义。

不要爱那种把你的生活变单调的人，要爱那种把你的生活变得丰富的人。

4

爱对了人，生活的热度会往上走。

有一种玄学：在幸福的爱情里，如果一个人变胖，那么对方很快就会跟着变胖。

那天在山顶，我们三三两两围在一起吃饭——我、瑶瑶、宝莉和"大侄子"。

"呕吐组合"坐在旁边，欧拉带了自制的饭团。有一缕阳光透过树枝，洒在他们脸上，两个人都眯着眼睛，一边吃，一边不知道乐什么呢。两张脸蛋分明有了圆润的弧度。

我小声说："你们有没有发现，他们在悄悄变胖？"

宝莉说："他俩中午经常自己带饭，看来带饭真的不健康。"

"什么啊，你怎么这么不会说话，人家这是出现了让人羡慕的幸福肥。"瑶瑶赶紧制止宝莉破坏她的小美好。

"还让人羡慕，让你肥，你乐意吗？"

瑶瑶白了她一眼，不打算理她。

"大侄子"屁颠屁颠跑过去，伸手拿了一个饭团塞进嘴里，指着我们说："那边那几个人说你们变胖了，我帮你们吃一点吧。"

这说的是什么话！

欧拉低头挤出双下巴，问欧阳："我好胖？"

"确实是，也更可爱了。"欧阳学她，也挤出双下巴。

欧拉说："为什么我们都是双下巴呢？"

欧阳说："因为一个下巴太孤单了。"

当别的情侣已经习惯了日复一日地麻木，他们还在互相玩闹打斗，持续给对方制造惊喜。

与其说他们谁改变了谁，谁拯救了谁，还不如说他们一起手拉手变回小朋友，可以不用长大，不用察言观色，不用委曲求全，可以任性，可以做自己，携手一起对抗无趣。

好的爱情，大概就是明知单身真的很爽，但如果是你，我甘愿坠入爱河。

像聪明人一样生活，像傻子一样相爱。我们用添饭来表达对方烧的菜好吃，就算一起发胖，也甘之如饴。

我不是喜欢熬夜，
我是舍不得睡

我们靠夜不能寐，做时光的窃贼。

年纪大了怎么才能再次体会怦然心动的感觉？
就是熬夜后第二天的心悸。

放下你的手机，让手机单独一个屋"睡"，它也到了和大人分开"睡"的年龄了；
放下你的千头万绪，把睡眠还给夜晚，让灵魂回到床上。

1

早起是生活所需，但早睡为什么这么难！

熬夜的人大概分两种，一种是能睡但不想睡，另一种是想睡但不能睡。前者觉得熬夜很幸福，后者觉得熬夜很无奈。

我偶尔是后一种，有时候工作不允许你早睡，但更多时候我是前一种。没有特殊原因，就是想等一等再睡，具体等什么，我也不知道。所以，我一度怀疑自己上辈子是一盏路灯。

太喜欢晚上了，一个人躺在床上，安安静静地玩手机的感觉太美妙了。虽然熬夜对身体不好，但是一天二十四小时里，除了睡觉，就只有睡前这几小时是完全属于自己的，在这几小时里我甩掉了白天人群带给我的疲惫感，心里感到无比的轻松愉快。

我不是不想睡，我是舍不得睡。

而且下班回家后的时间就像黑洞一样，好像只是把该做的事做了，比如吃饭、洗衣服、锻炼、做面膜，然后就到了公认的"熬夜"时间，但明明没做什么特别的事。

如果想娱乐一下，时间就更紧了，追剧、追综艺、打游戏、刷微博、刷短视频……

最惨的是，当你下定决心早睡，生物钟就会准时来捣乱。之前你对睡眠多么漫不经心，现在失眠对你的报复就有多狠。你辗转反侧，抓心挠肝，就像一本躺着的《十万个为什么》和一个科幻作家。然后反复起床去卫生间，最后，宁可主动熬夜，也不想被动失眠。

拥有"强大的肠胃"和"随时随地入睡"这两个本领真的超级逆天，简直是一种资本。

由于长时间处于熬夜状态，我每天早晨起来都昏昏沉沉，工作完全不在状态，感觉一晚上都白睡了，又困又乏；还经常呼吸困难，深呼吸更是一种折磨。就算周末两天都用来补觉，也感觉补不回来。

即使用再贵的眼霜也遮不住大大的黑眼圈；脱发也相当严重，枕头上、床单上、地板上、梳子上、键盘上……

我的头发越来越少，昨天我的"维多利亚"掉了。

都说脱贫比脱单更重要，如果用脱发来换，二者皆可抛。

最让我无法忍受的是记忆力的变差。有一次和同事八卦娱乐圈最近的大事，平时一提哪个明星的名字，我是张口就来，那天竟然一点印象都没有，最后非常无语地百度了。

即便如此，我也没太当回事，直到接连一个星期一点多才睡，有一天早上起来准备洗脸，一站起来两眼一黑，耳朵也嗡嗡作响，脑袋又晕又痛，心脏"怦怦怦"乱跳，缓了几分钟才逐渐恢复正常。

年纪大了怎么才能再次体会怦然心动的感觉？就是熬夜后第二

天的心悸。

当时真的怕了,以前看过的各种猝死新闻不停从眼前闪过。年轻人 A 因为熬夜被送进医院,年轻人 B 因熬夜心脏疼……熬夜有五大危害、六大致病诱因、七大伤神信号、八大后遗症……

再一次下决心不熬夜了,也就坚持了几天,然后带着恐惧、负罪感、大道理和健康常识,继续熬下一个夜。

就在我沉浸在熬夜中不能自拔时,接到了朋友李可怡的电话。她在自家小区门口晕倒,被保安送到医院了。

我赶去医院,她刚做完心电图、抽血、测氧含量……各项检查。看她能走能动,我才放下心来。

我问她:"怎么会突然晕倒呢?"

李可怡可怜巴巴地说:"医生说是熬夜熬的。"

"天哪,你熬夜都熬到医院了,这么严重啊!"

"真的不能再熬了,窒息的感觉太可怕了!我当时完全不能呼吸,头晕到根本站不住,现在还感觉全身麻酥酥的。"

我见她脸色蜡黄,又联想起自己之前的糟糕体验,也跟着后怕。

所有的突然晕倒,所有的"秃"如其来,其实一点都不突然,只是我们沉浸在一直熬夜一直爽的感受中,忘了身体是有极限的。

2

在白天，我们关注养生新闻，了解人体极限，贪生怕死；到夜晚，我们在追剧中变成堕落天使，在游戏中视死如归。

不想睡的人，把熬夜视为小小的抵抗，获得了短暂的自由；不能睡的人，以熬夜作为谋生的方式，获得了那口"饭钱"。

每个人似乎都有自己"不得不熬夜"的理由，我们潜伏在夜里，用自己的方式结束一天。

某个月黑风高的夜晚，我和清桐在微信互道晚安后，自己在网上冲浪。"晚安"这个词好像渐渐变成了一种礼貌。睡不睡谁知道呢，反正话题是终止了。

而我的"晚安"就是一根灯绳，轻轻一拉，咔嗒一声熄灭了整个城市的灯，然后属于我的生活才真正到来。

后来翻到朋友圈，很自然地去给她点赞。

结果被质问：为什么没睡？

这就尴尬了，但我灵机一动，想到了那个万能句子。

我回复她："晚安"的意思不是真的要睡了，而是我今天打烊了，不对外营业了。此时本人已经开启勿扰模式，切断社交通道，开启互联网独处时光。如果我们凌晨一点在朋友圈相遇，彼此要看破不说破，不要打招呼，就当我在梦游，好吗？

清桐回复：有理有据，无法反驳。

然后我反问她：你怎么不睡？

她说：不想睡，不甘心今天就这样没了。

恐怕，真正不甘心的是这一天没能按照自己的预期好好过吧。即使我们知道，早睡一小时也不会错过什么重要消息。

有一句话说得特别好："等全世界都睡了的时候，成年人才真正开始自己的生活。"为什么大家越来越喜欢熬夜了？因为我们白天都在做别人喜欢的人，只有晚上才能做回自己。

黑夜是我们的充电桩，正是靠着这些自我放逐的夜晚，才能做到每一天太阳都照常升起。

我们靠夜不能寐，做时光的窃贼。

在这段私享时间里，整个世界都静下来了，没有人对你抱有期待，你也不会辜负谁的期待。这个偷来的美妙时光，把一切伤害和焦虑都挡在外面，可以随意放松情绪，可以做任何无聊的事情，平静安宁，不用承受负罪感。

至于熬夜对身心的危害，比起马上要面对明天的恐惧和焦虑，根本不值一提了。

让人真正上瘾的不是夜晚，而是从终于结束的今天和即将到来的明天之间偷出来的那一点自由。

熬夜虽然伤身，但却神奇般地能让人变回真正的自己。夜晚花时间舔舐伤口,然后信誓旦旦说明早一定要早起的热血青年。只有在深夜时,才有想要改变自己生活的冲动,白天起来,我们又不在乎了。

熬夜的快感是失去时间后的渴望拥有;是效率不高却能在夜晚安慰自己没事明天继续的决心;是不管别人如何劝说都不能从命的执着与信仰;是终于能够主导时间而不用被生活和工作支配的自由与焦虑。

说白了,就是想找到某种"掌控感",我们想要通过掌控一些事情,比如"想睡就睡,想熬夜就熬夜",来缓解这种负面体验。

但这种掌控感实际上没什么用,看似是掌控,其实是顺从。熬夜有什么难的,不睡就好了,但问题并没有解决,永远是拖到明天和以后。

3

熬夜是因为没有勇气结束这一天,赖床是因为没有勇气开始这一天。究其原因,说明你的内心缺少一份笃定。

一个内心笃定的人,不会靠熬夜去透支时间来填补空虚。何况熬夜还在透支你的身体,不管是娱乐消遣,还是拼事业,拿健康去交换,总归是不值得的。

不是拼命压榨自己,让自己活得很累,就会拥有更多的时间;

不是把生活安排得满满当当，连半夜都不放过，就是积极向上。

真正热爱生活的人，知道要让生活有喘息的空间，知道要先爱自己，才能去爱其他。

喜欢熬夜的人，可能是因为白天或学习或工作，缺少自己的个人时间。一到晚上，或是聚在一起宵夜、喝酒，或是一个人看剧、刷微博，每件事听上去都比早早上床睡觉更有吸引力。而且还会觉得早睡的人简直是浪费了大好生命，在别人睡着的时候工作或游戏，觉得这段时间像是平白无故多出来的一样，仿佛自己赚到了一般。

但看看那些作息规律的人，因为睡眠充足，面色红润，精力充沛，甚至胜过了护肤品和保健品的功效，工作时思维敏捷、效率高、心情好。究竟是谁赚到了呢？

当你看过早上六七点钟的太阳，就不会惊艳于凌晨几点的月亮有多美。

要说以后就彻底告别熬夜，那又绝对了。熬夜之所以有快感，是因为这种行为不适合长久的连贯模式，长期熬夜真的会死人，但偶尔熬一次两次，也不是不可以。

熬夜，有时候也是缓解压力的一种方式。爸妈睡了，老板睡了，老师睡了，竞争对手睡了，全世界都睡了。你用这好不容易偷来的时光，赶紧做点自己喜欢的事。

神创造了人类，担心他们无法长久地面对生活，于是又设定了睡眠。睡眠的魔力就在于让我们更早、更轻松地从日常焦虑感中解脱出来。

萧伯纳给还在熬夜的人一句忠告："未来取决于'梦'想，所以赶紧睡觉去。"

放下你的手机，让手机单独一个屋"睡"，它也到了和大人分开"睡"的年龄了；放下你的千头万绪，把睡眠还给夜晚，让灵魂回到床上。

能好好睡觉的人，才足以谈生活。当你明白睡眠是一种回报而不是惩罚时，你就真的长大了。

晚安吧，让我们进入官方指定逃避时间。

要做一个又酷又温柔的人：

对一切美好的人和事轻柔和善，

对一切不值得的垃圾冷酷无情。

在最快乐的年纪活得精彩且迷人。

你总是喜欢别人的生活，
能不能偶尔
也喜欢一下自己啊

"爱自己"对很多人来说，实在是做得很差的一件事。

如果你因为不能接受自己的不完美而不开心，
去照一照镜子，这样跟自己说：镜子里的小可爱是这个世界上独一无二的，
就凭这一点，我可真的太爱她了。

从现在开始，放下"我不好""我不配""我不值得"的想法，
要多跟自己说"我很好""我值得""我顶配"。

1

试问，各位，哪一位不是在"被比较"中长大的？

当你还是人类幼崽时：

"你看隔壁小红，不光听话，成绩也好。"

"你就不能跟你班上那个小兰学学吗？让我少操点心。"

"你要是有小飞一半懂事，我就烧高香了。"

当你成功熬成一个成年人类时：

"你看你李叔家的孩子，毕业就去国企了。"

"你看你同龄的丽丽，人家孩子都会打酱油了。"

"你看小红多温柔啊，再看看你。"

"被比较"成了一种宿命，无论是成绩、长相、性格、学历、工作还是人生选择，都可以拿来比一比。

比如，"我喜欢你，你像我前女友一样温柔"。你感受一下，是夸你，还是什么意思？我是听着想打人。

内心强大的人被比较了，就左耳朵进右耳朵出，完全不在乎；而敏感自卑的人，很可能用一生来践行一个预言：我是一个很差劲的人。

朋友茜茜就是一个很敏感的人，还超级没有安全感，常常觉得自己不太行。

看到别人在大庭广众之下侃侃而谈，会羡慕不已，然后对自己磕磕巴巴的发言无限自责；看到别人走路都能带风，一想到自己总是被小石子硌了脚就特别懊恼；好像别人什么都好，自己什么都差一点儿。

敏感到什么程度呢？公司年会抽奖，抽到的人要上台说两句感言，为了避免这种事情发生，她会在别人都期盼着中奖的时候，心里默默祈祷：千万别让我抽到iPad、手机、带薪五日游……

最让她崩溃的还不是事情发生的当时，而是之后的几天，她会反复回想当时的细枝末节，比如：发颤的声音和双手，某句话逻辑混乱了，表情太僵硬了，走下去的时候好像顺拐了……明知道全世界只有自己记得，可就是忍不住回想自己的窘态：为什么我会那样？怎么就不能像那个谁那么自然呢……

总是揪着自己的小瑕疵不放，每次想到过去的蠢事，就觉得自己的人生完蛋了。

哪怕她人缘不错，哪怕她经常被人称赞，但她眼里只有一个小心翼翼的自己。

去一家餐厅吃饭，哪怕菜不好吃，她也会在服务员过来问时，说"挺好的，我挺满意的"；和不熟的人聊天，早就想扭头走人了，却还是说服自己面带微笑继续迎合；Tony老师剪了一个奇丑的发型，问她好不好看,她嘴上说着满意满意,默默把眼泪流进心里。

如果发现别人突然很冷淡,立即怀疑是不是自己做错了什么,然后去找寻"是不是得罪他了"的线索。

朋友让她帮一个很麻烦的忙,好不容易鼓起勇气拒绝,随之而来的是心里涌上的"负罪感",再见这个朋友就只剩愧疚。

非常在意别人的评价,别人的几句评论,就能立刻让她质疑自己:我到底怎么了,为什么别人会这么讨厌我呢?

2

连和朋友相处,也常常会为了"我是不是你最好的朋友""我是不是你唯一的朋友"或者"我约了你三次,你却没找过我一次,是烦我吗?"这样无厘头的小事情绪低落。

她谈过几场恋爱,几乎无一例外都因自己的小题大做分手。而这些频繁的失去又加重了她的疑心,即便是聚会时大家聊到一个她不了解的话题,她也要落泪:你们是不是都不喜欢我了,我是不是多余的……

怎么说呢,这种性格总是不够讨喜的,再浓厚的情谊也抵不过一次又一次的抱怨和怀疑。后来聚会时,大家就开始有意无意地避开她。

就这样了吧,所有人都以为她这一生就这样了。

后来她又谈了一场恋爱，听别人说，男友常常把她的好挂在嘴边，今天夸她温柔大度，明天说她独立坚强，感觉就像"情人眼里出西施"。

我再次见到茜茜时差不多是一年之后，她跟男友已经开始谈婚论嫁了，两人手挽着手走在街上，看到我老远就热情地招手："好久不见啊，一起喝杯咖啡吧？"

一半为了叙旧，一半出于八卦，我们去了一家饮品店。她男友张罗着帮我们点餐、拿甜点，她坐在那里笑嘻嘻地看着他跑前跑后。

我挺惊讶的，她以前都不愿意介绍朋友和男友给我们认识，偶尔在一起吃饭，但凡男友对哪个女孩笑一笑，她立刻就会投来哀戚的眼神："你是不是不喜欢我了？"认识这么久，第一次看到她如此大方和爽朗，浑身散发着自信与平静。

于是我开始打听他们的恋爱史，她丝毫没有秀恩爱的欲望，只简单地说几句两个人相识的过程，就羞涩地低了头。

她男友坐在一旁，看她时满眼都是宠溺，轻轻抚摸她的手背："这是我的茜茜公主，哪儿哪儿都好。"

那一瞬间我明白了她的改变，他坚定的爱意像是她的保护罩，让她第一次知道，有人懂她的敏感，愿意给予她温柔的呵护；有人能看透她的伪装，愿意拥抱她的脆弱。当她的好与坏通通被他接纳，她就不再多想了，只想做他眼中最可爱的那个人。

有的人喜欢你，是因为你漂亮、你好看，会说好听的话，有趣、好玩，多功能，这些喜欢都暗含着很多期望；而有的人喜欢你，是看见你哭和狼狈，知道你辛苦和不易，允许你不美又不乖，还想把肩膀和糖果都塞给你。

一个人最好的样子，有时候是被宠爱出来的。

爱是一种能力，大大方方地爱一个人，有勇气去表达爱，是很厉害的一件事。其实反过来，被爱的那个人，能坦然被爱也是一种能力。

那些只能付出爱，却无法坦然接受爱的人，其实是找不到除此之外的另一种感知自己价值的方式。他们的价值感的体现，变成了以无限付出来获得他人的认可，其实就是觉得自己不配得到这些。

你这么棒的一个人，凡事要少在自己身上找原因，不要把自己的自信建立在别人的认可上。

大大方方去爱，也要大大方方被爱。不因为其他，只因为你值得。

你值得被爱，你值得一切美好。

3

我们常常焦虑,而这种焦虑又很容易扫向自身。焦虑身材、焦虑容貌、焦虑性格、焦虑和别人的关系……

"爱自己"对很多人来说,实在是做得很差的一件事。

尤其是在真正认识自己之后,很多人往往会经历失望:啊,原来我是这个样子的,眼睛那么小,鼻子也不够挺,还有一点儿胖……感觉自我崩塌了。

但这不是很正常的现象吗?根本没有"自我崩塌"这一说,"好"中本来就藏着"坏";"善"中也会隐遁着"恶";"对"中也有相对的"错"。而我们对自己不够好甚至糟糕的一面,接纳得是否足够,决定了我们的内心是否平和。

没有人是完美的,如果你觉得自己样样都很完美,那才真的不正常。

自爱也是有一个限度的,所谓爱自己,不是盲目地相信自己没有缺点,每个方面都是最好的,而是明知道自己有很多缺点,依然相信自己是很好的。

一个真实且成熟的人,本质上是知道自己不够好,然后在宽容里变得更好。

肚子上有小赘肉怎么了？喜欢减肥就减，不喜欢那就肉嘟嘟的也很可爱；腿形不好看，穿短裤会很丑吧，那是别人的评价，你如果喜欢穿，就可以穿；脸形不好看又怎样，老天爷给你这张脸，是让你和别人不一样的，不是让你自卑的。

活得像开挂了一样，不是因为瘦了才开挂，而是你打心眼里爱自己；人生没有标准尺码，XS 码的确显得人清瘦，但身高一米七的人怎么可能穿 XS 码，穿 L 码的你也很得体和漂亮；活得漂亮的判断标准是接受自己的每一个样子，而不是只接受体重不过百的自己。

人生确实是一场舞台上的表演，但最重要的不是台下的欢呼，而是台上的你对出演主角的自己有多么肯定。

聚光灯闪闪照着，整个舞台都发着光，不是因为灯有多亮，而是因为你站在那里才发光。

人生没有那么多"应该变成什么样"，当你想要责怪自己时，想象一下如果是你喜欢的人遇到同样的事，你会怎么维护他，然后就那样去维护自己。

比如你因为失误做错了事情，你很难过，想骂自己：你怎么连这点小事都做不好。这时你把自己换成他，想想如果是他，你会用什么理由来解释这一切、你会怎么来安慰眼前这个难过的人、你会怎么帮助他解决现在的问题，然后你就用这些方式来对待自己。

爱的方式总是很简单，难的是我们总是忘记爱自己。

松浦弥太郎说过一句话："我发誓，无论自己能做什么，不能做什么，欠缺什么，拥有什么，我都绝不能讨厌自己，要好好珍惜自己，到死都要继续爱自己。"

希望你明白，你才是自己最大的盼头。

4

致每一个你：

你总是喜欢别人的生活，能不能偶尔也喜欢一下自己啊？

你挺聪明的，只要你想学，就能拿到一个不错的成绩。

你也挺好的，身材也很好，偶尔出门不洗脸、不洗头，也不要畏畏缩缩觉得抬不起头。

想社交也好，想宅在家里也罢，你都可以选择。和朋友约出去只是吃喝玩乐没关系，有时候想谈谈正经事也值得鼓励，不必那么抵触。

没有那么多人讨厌你，因为大多数时候你出丑都没人关注的。

如果遇人不淑，那不是你的问题，是那个人配不上这么好的你。

如果没有人心疼，要自己把自己抱紧。爱别人不一定有回报，爱自己肯定有。

和自己相处了很久，才能学会爱自己。

爱他人容易，有时出于本能就可以做到，爱自己却很难，要和自己的顽劣之处对抗，再和解，要接受自己的技不如人、外在缺陷，还有命运偶尔给出的坏运气。但人这一生最重要的功课就是了解自己，爱自己，越早明白这一点，便能越早让自己自由。

慢慢找回好状态下的自己，生活会变得很简单。

花点时间去问问自己，到底喜欢吃什么食物、看什么书、跟什么人在一起，不然，下一次你依然会迷失在别人的生活里。

你学习不是为了父母，而是你自己想考出好成绩，证明你也可以很棒；你想吃某一样东西，是真的享受美食，而不是看到别人打卡就眼红；你健身是因为你喜欢，而不是因为看到别人有好身材就焦虑。

当你变得自信、有趣，允许别人踏入你的生活；当你有为别人鼓掌的气度，也有允许自己出糗的心态；当你睡得越来越早，开始在乎前途和未来，你会感受得到，那个你回来了。

当你好好爱自己时，身体会释放出一种很治愈的能量，每当别人被这种能量感染到，就会觉得非常温暖，于是下意识地更愿意爱你，于是就形成了一个良性循环。

如果想拥有更多的爱，还是应该先把自己放在第一位，之后你会发现全世界都对你笑脸相迎。

人只有发自内心地喜欢自己,才能拥有真正的快乐。

如果你因为不能接受自己的不完美而不开心,去照一照镜子,这样跟自己说:镜子里的小可爱是这个世界上独一无二的,就凭这一点,我可真的太爱她了。

现在是自爱时间,请默念:我超好,我超棒,我超可爱。

请念10遍。

有的人看似把爱看得很淡，好像得到和失去都不要紧，

　　实际上呢，是一个会为爱心碎一万次的小笨蛋。

　　世界上最难的断舍离，不是找不到理还乱的衣柜，

　　　　也不是总也填不满、止不住的欲望，

　　而是一个人对另一个人爱恨交织、拉扯不断的怀念。

偶尔向生活请个假，今天要做个快乐的"废物"

人类的精神世界是很奇妙的。

即使是很好的朋友，见面前也会有点儿烦躁："赴约好麻烦啊！"
但是见面后又觉得："幸好见面了耶！"瞬间开心起来。
离别后虽然有点儿寂寞，却又感觉能自己一个人待着很放松。

孤独是关上灯，与发光的灵魂为伴。
发呆也是一种沸腾，我在我的小世界里翻江倒海。

1

我曾在一家公司短暂地工作了两个月,和一个同事相处得不错,她叫小布。

离职时,我们都有点不舍,相约以后也要经常联系,但成年人的约定就像拆盒就贬值的盲盒一样不值钱。后来,谁也没有联系过谁。

这个世界不主张离别,但离别是太容易发生的事了。

几年后,我和小布在一个活动上偶遇,我们都很兴奋。

我假装责备她说:"说好了联系,怎么就没消息了呢?"其实我特别心虚,我问她为何不联系我,我又何尝主动联系过她。

小布可能没想那么多,笑着说:"想过联系的,字都打出来了,最后还是删掉了。不知道你在干吗,是不是很忙,找你算不算打扰,总之想多了,联系的热情就没有了。"

那一刻,我很难过,脑子只有两个字:孤独。她的孤独,我的孤独,世界上所有人的孤独。

我们都有过特别想约一个人出来见面、吃饭、倾诉的念头,都有过拿起手机想找一个人,后来又默默放下的无奈,任由情绪在自己身体里无声爆发。

人类的精神世界是很奇妙的。

即使是很好的朋友，见面前也会有点儿烦躁："赴约好麻烦啊！"但是见面后又觉得："幸好见面了耶！"瞬间开心起来。离别后虽然有点儿寂寞，却又感觉能自己一个人待着很放松。

每天都在"我好孤独"和"孤独好爽"这两种状态中来回切换。对于孤独，嘴上说着抗拒，心里却很热切。

越长大，越喜欢一个人待着，比起被人左右情绪的生活，我们似乎更喜欢无人问津的日子。

2

人们渴望被了解，借此度过海海人生，而有的人自己有海。

就像有的人讨厌通勤时间太长，上班路像取经路，太没意思了，而有的人却偏偏享受其中。

经过了短暂的客套之后，我和小布重新找回了当年的热络劲儿。

问起近况，才得知她结婚了，并有了一个三岁的可爱宝宝。她感慨，有了孩子之后，时间更不够用了。

我说："怪不得我看你脚步匆匆，像是有什么急事，你每天都这么忙吗？"

小布笑着说："可不是嘛，今天来参加活动，一会儿我就不回公司了，赶紧买点菜回家看孩子了。"

她自述：手机里设置了十几个闹钟，从早上五点到晚上十二点，一个孩子，一份工作，足以让她从早忙到晚。只有每天上下班的路上，才完全属于自己。

公司在城市北面，她住在最南边，这意味着她每天要穿越整个城市去上班。也许在别人看来，一个半小时的车程很长、很累、很心酸，但对她来说，那九十分钟时间，虽然置身喧嚣，但又事不关己，什么都不能做，但也什么都不用做。

这段自由的通勤时光，就是她和地球的单独约会。

下车之后，万家灯火里的一盏就有自己的小家。像所有归家心切的母亲一样，她会跟"短暂的自由"挥手告别，迅速切换到另一个身份。

生活的底色不可能总是五光十色，但能有诗意、浪漫、治愈的瞬间零星地点缀其中，好像也没那么难过了。

对小布来说，更奢侈的享受是游车河。老公放假时，会主动要求带孩子，好让她出去放松一下。她会选择把车放在家里，去坐长距离的公交车，从始发站坐到终点站，然后再坐回来。一个月能游一次车河，足以抵消所有的疲惫。

我很好奇，问："通勤也是在车里，好不容易休息了，还要坐车，你不烦吗？"

她摆摆手说："当然不了，开车和坐车的感受是不一样的，坐车时，你才会深刻感受到城市的变化。看着窗外街道、小路上星星点点的改变，再想到自己也有份参与，真是太奇妙了。"

她继续补充说："路过城郊的地方，你看不到那么多急匆匆的身影，很让人宁静；那里的天似乎更蓝，云也更白，看着就心情舒畅；阳光洒进车里也不会觉得燥热，因为空调温度刚刚好。"

没有浪费时间的负罪感，没有非做不可的事，没有非等不可的人，只享受在繁忙的世界里发一会儿呆。这一段独处时光，是一种惬意和享受。

3

和小布一样，我也有很多见缝插针用来发呆的时光，不多不少，二十分钟左右。不要小看这二十分钟，有了它，就能恢复元气。

发呆真是一件很奇妙的事情，你在家躺着、瘫着的时候，是不能体会这种深邃的快乐的，只有见缝插针"偷"来的，才会快乐。

我将这样的时光称为有意义的发呆。发呆这件事，如果做得好，那就是深沉；但不宜过长，那样会显得痴呆。

我有一个小爱好，洗剪吹只喜欢洗的部分。

有时候下班后，我会到家附近的理发店洗头。从头发丝弄湿的那一刻开始，就闭上眼睛，当温润的水流浸湿头发，头皮开始慢慢发麻，大脑逐渐放空。

去的次数多了，我都能感受到小哥干这一行的时间，那个笨手笨脚却小心翼翼的小哥干这行绝对不会超过一个半月；这个手法娴熟，游刃有余地摆弄发丝的小哥至少干了半年。

当然，更多时候，我什么都不想，因为我是来放松的，不是来思考的。

漫无目的地发呆真的很幸福，也是一种悄摸声进行的心灵"大保健"。

思绪飘走，又轻轻地飘回到小哥的手指上，感受力度轻重和按摩方向。不管世界怎么卷，此刻的我，心里只有云卷云舒。

但也是有损失的，比如昨天洗头的时候，我的"克里斯汀""大卫"和"爱德华"都掉了。

在内心里默默哀悼了五分钟。

人就像是一块橡皮泥，因为不同的规则、标准、身份，被挤压成不同的形状，以便更顺畅地生活，但也因此，要承受被挤压的疲惫。

让自己喘口气真的很重要，心情不好时就什么也别做了，去公园发呆、晒太阳，听听里面的老人在聊些什么八卦、唱些什么歌，偶尔还可以互动聊天。如果害羞不敢说话，就找个安静的地方，静静坐着看看风景，看看蓝天白云，看鸟儿飞过，风吹过，什么都不用做，随大脑放空，把难过、不如意通通暂时忘掉，让思绪遨游，还可以小声碎碎念。

保留一部分肆意和自我的部分，是我在忙碌生活中习得的小狡猾。

有时候干脆地承认"那段时间浪费掉了"，反倒能让人生轻松。没必要从每一件事中都寻找出意义，无所事事中也能感受到快乐。

游车河也好，洗头发也好，甚至是发呆，在生活里安插一个只属于自己的时刻。即便那个时间，只有二十分钟，但也足够成为一个"假期"了。毕竟发呆是唯一不用付费的宇宙漫游。

大多数时候，我们无力改变太多，该忙碌的还是要忙碌，该努力的也绝不懈怠，但我们仍然需要保留一个二十分钟的"假期"，努力让剩下的时间不再乏味。

4

偶尔，我喜欢沉迷于非人际关系的事物，比如书籍、乐高、动画、连续剧。

我觉得能拥有一段与人失去联系的时间是一种放松，但要说我是一个性格特别内向的人又不完全是，我也喜欢和朋友们出去玩，也喜欢热闹，但对独处也有一定的偏执，就是一定要有一段时间是完全属于自己的。

在那段时间里，和谁都不交谈，就自己一个人静静地做事或者发呆。我情绪低落的解压方式是：沉默、不交际、听歌、发呆、熬夜、难过，从人群中消失一段时间，然后自愈归来，循环反复……一个人能做的事，我真的可以想出很多。

世界是喧闹的，现在的我们无法逃到深山里去，唯一能做就是，闹中取静。

相比于孤独偶尔泛起的寂寥感，投入人群的那种不适感更让人窒息：假装外向、和话不投机的人没话找话、对着一个个毫无兴趣的人一遍一遍介绍自己……

我并不主张完全封闭自己，但我觉得一个人还是应该有适当的独处时光，那是认识自己、发现自己、探索自己最好的时机。

上天借由各种途径使人变得孤独，让我们可以走向自己。

一个人是无法独自生活在世界上的，需要一定的社交能力，但是仅仅拥有这种能力还不够，孤独也是一种能力，你要让这种能力成为本能，人一生中的大部分时间都只能与自己相处。

与自己相处，不仅要学会阅读、冥想或者发呆，还要充分享受一个人充满自信与热爱的生活状态。

一人独坐其实并不寂寞，只是想自己待会儿，别人却想太多。人们会有刻板印象，认为一个人吃饭、看电影、过生日必定凄凄惨惨戚戚。他们对孤独的定义总是悲观的，因此会下意识地畏惧。

但孤独不是这样的，好的孤独是能清晰分辨出"我应该"和"我想要"，那是你想要的状态，而不是逃离人群的借口。

孤独不是放纵，生活可以五颜六色，但不能乱七八糟，一个人时也不要邋里邋遢，该精致时绝不能粗糙，否则就太可惜了。

你选择独处是为了补充能量，而不是内耗自己，致使自己越来越像一坨烂泥。

孤独是必要的修行，但依然不能失去信任别人和爱的能力，依然要走出去，要接受世间万物。

享受孤独的人不是被孤独拖拽，而是被孤独治愈。

真正的孤独，开始是"热闹是别人的，与我无关"的决然；然后是独自搬家、去医院的坚强；再之后是一个人吃饭、旅行、挑战"第二个半价"的快乐；最后是"在热闹中失去的，终会在孤独中找回来"的平静。

如果你偶尔被动孤独，请不要害怕，不要逃避，去理解、去消化，把这段时光活出趣味来，在废墟中重建城堡。

如果你享受独处，请不要沉沦、不要放纵，去感受、去补充，让孤独妙趣横生，让花儿开出新的花。

偶尔向生活请个假吧，就算做一个快乐的"废物"也无妨。

把"自己"提到"待办事项"的最上面，并找到一件真正能让自己放松舒适的事情，在短暂的时间里，创造属于自己的快乐。

当你在喜欢的生活方式里找到了自信快乐的自己，你就完全掌握了与这个世界相处的最佳方式。

如果你今天什么事都没干,就当是在缓冲数据好了,明天就能加载完毕。

孤独是关上灯,与发光的灵魂为伴。发呆也是一种沸腾,我在我的小世界里翻江倒海。

你要成为一个发光的人，而不是仅仅被照亮

有的人，当你不再爱他时，

就觉得他什么都不是，甚至不如狗屎；

而有的人，当你不再爱他，他还是他：

温柔聪明、幽默正直，

由内到外他都是一个堂堂正正、有血有肉、让人喜爱的人。

爱情让人发光，是我们对一段感情最高的评价。

1

你是否会因为对方为你做了一点小事或是带来一点小浪漫,就经常感动到流泪?

你是否会患得患失,担心对方离你而去?

你是否会在一段恋爱关系中,经常产生一种"我配不上对方"的念头。

以上情况全部在"大侄子"身上表现得淋漓尽致。

"大侄子"是我们大老板的侄子,目前在我们部门渡劫(不是,是历练)。人挺好的,有教养,没有架子,不会因为自己是老板的亲戚就眼睛长在额头上;还特别随和,就连我们叫他"大侄子",他也欣然接受。

大老板也喜欢这个侄子,可能是因为他们性格特别像吧,怎么说呢,都是天真到可爱的类型。

虽然"大侄子"从小就是在冒着幸福泡泡的蜜糖里长大的,但是不知道为什么却总是表现出一种三分哀伤再加七分忧郁的气质。戴着眼镜的他很像徐志摩,还是个恋爱脑。

他对每段爱情都极为投入和认真,总是轻易心动,轻易陷进去,像是极度卑微缺爱似的,还时常做出一些让我们无法理解的怪异举动。

他曾经暗恋一个女孩,有一次带女孩出去兜风,结果车抛锚了。

在等待拖车时，女孩随手拿出自己做的小点心请他吃。

据他描述，那一瞬间，拿在手里的点心闪着光，幸福感爆棚，他很想哭。

他当时只有一个念头：她也喜欢我。

我们都惊呆了，这也太离谱了，和他的人设根本不符。

部门老大哥仁哥更是不客气，疯狂嘲笑他："咋的，你没吃过点心啊，还是没喜欢过人啊，这还能哭！"

"大侄子"一脸鄙视地说："你是一个粗糙的男人，懂什么细腻的爱情细节！"我们集体爆笑，隔壁部门的人在外面偷偷窥视，以为发生了什么大事。

"大侄子"每一次恋爱都投入得可怕，自我感动得不行。一些对情侣来说极为平常的小事对他来说就是惊天动地的大事。他从来不在乎女孩的家境、身份，每一个他都用心去爱，然后认真被甩，认真难过。

他仰视着每一个喜欢的女孩，内心还疯狂自我暗示：我除了有一点钱，其他都配不上她们。

原来有钱人和我们有着同样的恋爱烦恼，果然爱情面前人人平等。

就是因为把爱情当作了生活的全部，才会把自己存在的价值都投射在一段关系里：有人爱我，我就值得；没人爱我，我就不配。

但凡被好好爱过的人，都不会纠结于对方给的好，因为知道自己值得；而那些整天把爱上整成哀伤的人，其实根本没有被好好爱过。

如何体面地接受对方的爱，以及如何自然地向对方表达爱，真的不是人人都会。

抛开一些附加条件，爱情其实需要一部分心安理得。不要蜷缩，不要卑微，要直面爱意，大胆表达；不要怯懦，不要畏惧，不要因为自己的失衡吓跑对方。

一段好的感情是两个人都自带光芒，互相照亮对方，让彼此看到希望，而不是一方卑微到尘埃，一方一味地去消耗，把对方拉进一个伸手不见五指的深渊。无论友情还是爱情，都应该如此。

2

"大侄子"最近又失恋了，伤心到无法出席一个午餐会。那天在去酒店的路上，我、仁哥和我们的上司秋玫聊起他，还调侃了一番。

出席午餐会的不乏商界大佬和行业精英，秋玫忙着到处打招呼，我和仁哥谁也不认识，基本就是吃。五星级酒店的自助餐真的太好吃了，"大侄子"没来，实在是可惜。

我看到秋玫和一个帅气的男人打招呼，一看就是精英范儿，关键是两人还有说有笑的，就问仁哥那个人是谁。

仁哥看了一眼，"呀，李明瀚回来了。"

"谁是李明瀚？"

"以前是我们公司的业务骨干，挺厉害的，后来自立门户，发展得不错，之前听说他一直在外地忙着开拓市场……他以前还是秋玫的男朋友呢。"

前面那些我都不在意，但听到后面，我的八卦之魂迅速燃起来了。

"真的假的啊？他们在一起多长时间？怎么分手的？现在怎么还能这么愉快地聊天呢？"我完全控制不住自己的好奇心。

"你怎么那么多问题，你一下问这么多，我先回答哪个？"

"唉，你给我讲讲他们……"

这时秋玫走过来，对我们说："一会完事儿，你们先回公司吧，我还有点事。"

"你是不是和李明……"我及时收住了嘴。

秋玫愣了一秒钟，然后迅速瞪了仁哥一眼，仁哥战术性喝果汁避开她的眼神。"你俩行了啊，别瞎猜，我是去忙正经事。"

回去的路上，我对仁哥威逼利诱，最后以一杯咖啡再加打包一块蛋糕给他儿子的代价套出了秋玫那段恋情的始末。怎么说呢，人类高质量恋情也就是这样吧。

秋玫刚来公司没多久，因为表现优异很快就参与到几个重要项目中，而李明瀚当时已是中层领导，两人合作亲密无间，久而久之，爱情的火苗悄悄燃烧，自然而然发展成恋人。我司对办公室恋情还算开明。

但是，在一起三年后，也许是性格不合，也许是掺杂了太多公事的因素，他们分手了，各自安好，再见亦是朋友。后来，李明瀚出去单干，而秋玫在公司努力奋斗。

有几年，公司的管理层撤换频繁，逐渐形成了各自的小圈子，可谓腥风血雨，内斗很严重。

有一次，秋玫发现她师父为了扳倒当时的林副总，不惜损害公司利益。她看不下去，就去提醒林副总，公司因此避免了重大损失。她师父自然暴跳如雷，说她忘恩负义，将她投闲置散。

那场内斗最终以她师父卷铺盖走人画上句号，公司也逐渐回到正轨。而林副总觉得秋玫为人正直，就把她留下了。我的上司为人正直这事倒是很出名的，我深以为傲。

仁哥当时是林副总的心腹，全程见证了那场堪比诸神之战的内斗。

后来，他和林副总去见李明瀚才知道，林副总能胜出，李明瀚帮了不少忙。林副总并不想欠别人人情，所以约李明瀚出来看看怎么把人情债还了。

李明瀚最关切的还是秋玫，就问林副总会怎么对她。

"我不会因为她师父的事牵连到她，她是个人才，我不会轻易放走。如果不是秋玫，现在出局的就是我。"林副总似乎明白了他的意思，接着说，"而且你放心，我一定会好好关照她的。"

李明瀚当时说了一番话，让仁哥至今难忘。

"以秋玫的能力，她不需要别人给她额外的关照。但是她这个人很单纯，我希望她不会再遇到像她师父那样的人。商业竞争，尔虞我诈在所难免，但人还是要有起码的底线。一个善良单纯的人，不应该在同一件事情上被伤害两次，那样太残忍了。但我相信林副总的为人，所以我也没什么其他要求了。"

现在林副总早已是我们集团里举重若轻的领导，而秋玟也凭着自己的本事一路过关斩将坐到今天的位置。

"秋玟后来知道这事吗？"我急切地询问后续。
"知道什么？知道李明瀚怎么说？知道又怎么样呢，没必要。"
"怎么没必要？难道不会很感动吗，万一有机会复合呢？"
"你们这些小孩就是幼稚，他们是成熟的大人，分手了就向前看了，拖拖拉拉的能成什么大事。"
"'大侄子'说得没错，你还真是个粗糙的男人！"我要气坏了，不想理他。

有的人，当你不再爱他时，就觉得他什么都不是，甚至不如狗屎；而有的人，当你不再爱他，他还是他：温柔聪明、幽默正直，由内到外他都是一个堂堂正正、有血有肉、让人喜爱的人。

秋玟和李明瀚在午餐会上愉快交谈的场景让我觉得特别美好，人类高质量恋情，无非就是这样吧。
爱情让人发光，是我们对一段感情最高的评价。
一段好的爱情，最好的体现其实是——它让你成为闪着光的人，让你变成更好的人，而不是更糟的人。

我们总说，爱情是一个人照亮另一个人，其实，真正的爱情发生在两个发光体之间。

在一起时会很明亮，分开时也各自闪耀。是你在我身边也好，在天边也罢，想到世界的某个角落有一个你，便觉得整个世界都变得温柔安定了。

3

有时候，在爱情或是生活里，我们常常因为自己不够耀眼而自卑，觉得自己很普通，普通到跌落尘埃就消失不见。所以当遇到一个很好的人，会不自觉地仰望：那个人是来照亮我灰暗的人生的。

当万物皆是光，纷纷为你而来之时，你是否想过，在追光的时候，你自己也是光，也可以照亮别人？人的一生未必都波澜壮阔，荡气回肠，左右我们如何活着的，往往是那些每天都在上演、都在谢幕的生命场景，在阳光下，细碎如微尘般翻飞跳跃的恰似人的一生，而我们其实早已在不经意间把微尘舞出了光芒。

我之所以有这样的感悟，是因为前段时间大学同学突然联系我。

我们聊了很多以前的事，她向我诉说了工作和生活中的艰辛，还说自己要坚持不下去了，我自然好好安慰了她一番。

就在要收线时，她说："你要坚持发朋友圈啊，虽然我不是每一条都评论,但每次看你的朋友圈就觉得生活好像也没那么糟糕ँ"

我这才记起,以前的我真的很爱发朋友圈,搞笑的、励志的、毒舌的……什么都有,后来大概是因为遵循朋友圈晒照片的自我修养:自拍三千,只取一张,实在让人心累,就不想发了,现在只是偶尔想起来发一条。

听完她的话,我沉默了好久,心里既感动又开心,原来我发的朋友圈有人在看,原来我也是一个可以给别人带去温暖、带去动力的人。

我时常觉得自己普通,生活每日如常,没什么闪光点,但从来没想过,在看不到的地方,像我这样的普通人,也曾是别人的一束光,也曾装饰过别人的梦,也会有人暗中偷偷把我说的话记在心里。

原来我也是很重要的人,也曾不经意间照亮和温暖过别人,哪怕只是很短的一段时间,哪怕只有几个人觉得我"很重要",这就足够了。

看到自己成了别人生命中的光,那一刻真的好幸福。

我们都有过感觉特别难的时候,因为看不到希望想要辞掉一份工作,因为不自信想要结束一段感情,因为处处碰壁想要结束漂泊的生活。

那时总觉得人生灰暗无比,但好在总有人会在某一刻伸出手来拉我们一把,让我们觉得:虽然生活很难,但这一刻自己好像又可以了。因为这些人的存在,让过去很多个崩溃的、失败的、低落的时刻,都成了最好的铺垫。

很难说今天的我们是由过去的哪一刻成就的。但我敢说，如果没有生命里出现的一些人，我一定不会成为现在的自己。

他人给予我们的感情和友谊是一种奇迹，也是一种恩惠。反过来说，我们给予他人的感情和友谊也同样重要。

这也提醒我，要努力成为一个发光的人，因为不知道谁会借此走出黑暗；要尽情地闪耀，因为不知道会点亮谁心里的火花；要保持自己的信仰，因为不知道会影响到谁。

面对生活这个巨大且艰辛的考场，普通人并不普通。几乎每一天，我们都会和扑面而来的难题交手，和微妙起伏的情绪周旋，并以勇者的姿态等候"无常"的光顾。

与儿时天马行空的憧憬不同，长大后的世界并不容易。如何在现实的锤炼中守护好内心与理想，并力所能及地照顾好身边的人，仅做到这些，已是生活中的英雄了。

不妨有一个童话般的信仰：每一个人都努力发着光，人间就能如星河一般璀璨。

我们这一路，无非就是追着光、靠近光、成为光、散发光。你不要圆滑，要变成星星，有棱有角，还会发光，照亮别人的同时也让自己闪耀。

相信我，在这吹不出褶皱的平静日子里，你也在闪闪发光呢。

天真永不消逝，
浪漫至死不渝

小时候的我，满脑子天马行空的想法，

一定要去够最高处的果子，去摘最亮的那颗星星，

幻想着自己有一天，踏着七彩祥云，遇见牛魔王。

现在的我，有最务实的想法，

满 35 减 18，还有一张 10 块钱的券，这顿外卖只花了 7 块钱。

1

你发现过领导的哪些"秘密"？

周末我和李可怡约着逛街，我早到了，决定背着她去夹娃娃消磨时间。

结果，不小心撞见了我司吵吵副总和一个男人在娃娃机前有说有笑。我像偷拍恋情证据的侦探一样，迅速把自己移到一个角落里，细细观察。

据我分析，那个人应该是她男朋友，还挺帅的。吵吵副总开心地依偎在男朋友怀里夹着娃娃，时而窃窃私语，时而哈哈大笑，画面太美，不忍移开目光。

这是我第一次看到她小鸟依人、少女甜美的一面。印象中她从来都是冷酷脸，平时不苟言笑也就算了，走路还常常带起一阵飓风，所到之处，寸草不生。最喜欢的事恐怕就是和闹闹副总一起把员工夹成三明治。

此情此景，真是可爱了不少，高冷人设也瞬间崩塌了。

不过说实话，她夹娃娃技术也太烂了，就那一只熊，夹了多少次了！可急死我了，那爪子再往前一点儿啊，再往前点……唉，爪子就没对准过，就算有概率，也错过了啊！

如果我现在走过去跟她说，我们有相同的爱好，她从此会对我好一点吗？但理智告诉我，不可以。

趁着没被发现，我准备悄悄溜走。最后再看一眼，那只熊再一次从松掉的爪子下逃走了。

其实她可以找工作人员重新摆一下的，一看就是没经验……吵吵副总假装很失望的样子，她男朋友顺势抱了她一下。

别说了，我溜了。我在想要不要把这个重大发现发到公司内部吐槽网里。

反差实在太大了，一个职场女强人和男朋友约会的时候夹娃娃，而且看起来超级可爱，我从没在公司看见她这么开心过。

但话又说回来，谁规定职场女强人不可以夹娃娃呢？

成年人也有天真的需求、有可爱的权利、有对浪漫的渴望；也喜欢吃甜筒、夹娃娃；偶尔喝奶茶也喜欢全糖不去冰。只是生活处处充满了妥协，以前喝奶茶一定要全糖的我，现在只敢喝半糖。所以，我必须郑重声明，敢于全糖不去冰的，都是真正的勇士。

成年人遇到一些小事也会大哭或大笑，只是大多数时候被自己的社会角色困住了，不敢表现出大喜或大悲的样子。

小孩子才做选择，成年人只能做牛做马和做不完的工作。

人一长大就会变得无趣，忽然在生活各个方面都需要知进退、懂分寸，不敢做任何出格之举。成长经验值积累了不少，却也失去了很多乐趣，渐渐分不清这是"我想做的"，还是"别人注视下我不得不做的"。

"负重前行"当然是每个成年人都要面对的，但真正支撑我们活下去并感到人间快乐的，反而是偶尔做的那些孩子气的事。

成年人的生活有时候需要一些冷静与稳重来提示自己是什么样子，但更多时候，它需要许多有趣与天真来抚慰自己的失意。

2

第二天，我绘声绘色地将此事说与同事瑶瑶听，看到瑶瑶经历"瞳孔大地震"，我心满意足。

瑶瑶缓了一会，大呼太巧了，"吵吵闹闹二人组真是绝配！"

我问她何出此言。

瑶瑶说："你还记得上次大老板看完浪姐之后心血来潮组织的那次团建吗？"

"那怎么能忘呢，全场唯二遭殃的不就是我们这两个打杂的吗！"戳中了我的伤心事，一想到上次团建，全身骨头架子都散了。

"就那次，我看见闹闹副总的爱马仕包里挂了一个神奇女侠的毛绒挂件。"瑶瑶捂着嘴，生怕别人听见。

"怎么可能啊？"这回轮到我震惊了。

"是挂在里面那一层的拉链上，要不是那天她的包掉在地上，滑出来了，我也不知道。估计挂在里面也是不想让别人看见。"

"她俩怎么都这么孩子气啊。"

"要不怎么说她俩绝配呢，都是暗戳戳的叛逆。"瑶瑶一副很懂的样子。

"你好像很懂似的。"

"大家都这样啊，你不也没事就去抓娃娃吗？"

"我怎么跟人家比，我是一个打工仔，人家是管理层！"

"有什么差别吗，谁还没点童心未泯呢，外表那么冷酷都是伪装，内心都是小女孩。"

"行啊，瑶瑶，这么透彻吗？但你不够意思，这么有意思的事都不告诉我。"我揶揄她。

"这不是忘了嘛！你说夹娃娃的事，我才想起来。"

"要不要发到网上呢，肯定相当劲爆。"

"你先发啊。"

"你先发吧。"

……

可想而知，我们谁也没敢发。

我是真的喜欢那些能保持天真、诗意、热血，甚至偶尔还有点儿幼稚和中二的人，喜欢得不得了。

年少时，我们自带这些东西，每个人看起来都那么生机勃勃。但随着年龄的增长，身边的朋友一个个眼见着颓下去了。

谁也逃不过荷尔蒙的叛逃和现实的打击。女人的少女感主要靠化妆品帮忙，靠各种医美辅助，还有美颜滤镜加持；男人至死是少年的场景，也只能在土味视频里博人一笑。

所以天真更多的是指心态和精气神方面。越长大，越羡慕那些虽然年龄上已经成年，但依然保有天真的人。而买儿童套餐，已经是我最后的倔强了。

3

早餐店的老板问我要什么，我想要肆无忌惮、要踌躇满志、要遨游山川湖海、要世界所有烂漫……开个玩笑，我已经长大了，我要豆浆和油条。

小时候看完《哈利·波特》，一直等着来自霍格沃茨的猫头鹰，结果一直没来，才终于确定，我是没有魔法的。

我开始意识到，长大最糟糕的就是这一点。

小时候的我，会和小伙伴趁大人不注意爬上家附近那棵果树，偷偷摘下酸涩的野果子，还时不时趴在草地上凝视每一朵花、每一棵草，给他们取一个新鲜的名字，偶尔抓住一只蝈蝈，就以为抓住了整个夏天。

现在的我，只会给每一根头发取一个温暖的名字，可惜我的"苏珊娜"昨天掉了。

小时候的我，永远不知道下一个掰开的果子是春天的第一口新鲜，还是秋天的那次告别。

现在的我非常清楚，目前唯一可行的穿越方法就是把闹钟关掉后再闭上眼睛，闭眼5秒钟就能抵达2小时后的未来。

小时候的我，满脑子天马行空的想法，一定要去够最高处的果子，去摘最亮的那颗星星，幻想着自己有一天，踏着七彩祥云，遇见牛魔王。

现在的我，有最务实的想法，满35减18，还有一张10块钱的券，这顿外卖只花了7块钱。

小时候的夏日，有说不完的悄悄话，那些没说完的话一个个挂在月亮上，一起谱写那首叫"下次见"的诗。

现在最不值钱的约定就是下次，下次的意思是星期八；改天的意思是32号；以后是指13月；有时间意味着在25点。

小时候的我，别说快乐不打折，连不快乐都不会打折，不高兴就"哇"的一声哭出来。

现在的我，难过了不敢直接说，要找一张图片，配一段文案，再配一首合适的音乐，坏情绪，要拐好几个弯才敢发泄出来。

小时候不怕晒，不怕吃得多，不怕生病，反而盼着生病，因为能得到更多好吃的和更多关爱，现在，这几点是最怕的。

小时候，能问出十万个为什么，长大后只问今天中午吃什么。

大人们真的是太无聊了，成年人的视角里，只有成功值得歌颂，快乐、诗意和希望变得毫无价值。

但是，成年人也只是"过期"的小朋友啊。《小王子》里说："所有的大人都曾经是小孩，虽然，只有少数的人记得。"从儿童到成人是一个既定结果，从成人到天真却是一种"逆行"。

童年注定无法延期，我们唯一能做的就是努力守护住天真，因为天真永不过期。

三毛说："成熟不是为了走向复杂，而是为了抵达天真。天真的人，不代表没有见过世界的黑暗，恰恰因为见到过，才知道天真的好。"

天真不是幼稚，只有拥有足够的智慧以及怀揣着对生活浓烈的热爱，才能游刃有余地做到这一点。

天真的可贵之处在于真实。

要有足够的勇气把自己放到生活中探索，而不是藏在某种人设或他人的想象中。大到婚姻、职业，小到穿衣、打扮，听从自己的喜好，而不是人人看得懂的格调。

是能真实地面对自己，不迂回，不犹豫，所思即所做，所做即所得，像小时候那样，用直觉去选择和喜爱。孩子能用沙子构筑城堡，能对着一只蜗牛喜笑颜开，能对天空中一朵云仰望良久……那是因为，他觉得万事万物稀奇有趣，他对这个世界献上了好奇。

所以，当你觉得生活像白开水一样无趣的时候，不妨想想，当你是孩子时，每天是怎么发现快乐的。是探索，是惊喜，是对未知的渴望，是用手和眼睛接触一切新奇的东西。是看山不是山，看水不是水，是满脑子胆大包天的奇思妙想。

幸福不是遥不可及的憧憬，也不是等待打钩的待办事项。幸福是当下手里已经攥紧的棒棒糖，仔细端详，抿一口，感受那种甜，然后像五岁时那样笑。

世界总劝你做一个坚强的大人，而我希望你永远有允许自己天真的权利。既有成年人的判断与解决问题的能力，也能始终保持孩子的童真快乐。

天真永不消逝，浪漫至死不渝。你要做最美的"逆行者"，要做童心乐园的常驻嘉宾，永远续签，永不退席。

这世界奇奇怪怪，我们一起可可爱爱。我们意气风发，跨越山海，一切都才刚刚开始。

想到今天超棒的天气，

想到要见面的家人、朋友，想到今天吃了很好吃的饭菜，

想到还有很期待的快递没有签收，

想到生命中还有要遇见却没有遇见的人，

就要努力好好活下去。

任何值得做的事，
再糟糕也值得做

你很焦虑，但还是和别人打了招呼；

你满头大汗，但还是跟老板大胆提了加薪的要求；

你没有准备好完美的答案，但你举手了；

你紧张得快吐了，但还是约了她出来。

至于失败了怎么办，

那就让我们热烈地庆祝又一次失败。

每一次失败都是一次珍贵的尝试，哪怕只前进了一点点，

也是在给自信心这栋小房子添砖加瓦。

1

最近,我悟出了一个道理:懒人,其实都是气氛组选手。

就我自身来说,每当我想做一件事,总是先做好各种准备工作和心理建设,还美其名曰:工欲善其事,必先利其器。

比如:我要看书,会先把咖啡和小点心准备好,这样会营造温馨的气氛。

看书时突然来了感悟,我会把电脑打开,先杀毒——这样运行速度会比较快,然后感悟没了。

下定决心要健身,马上下单了美美的健身服和运动鞋,还会顺便浏览稀奇古怪的健身器材,万一有效果呢。

心血来潮想下厨,先购置一堆锅碗瓢盆、精美的盘子,漂亮的勺子和筷子更是不能少。

至于事情本身……呵呵,洗洗睡了。

所以,我特别羡慕那些身体力行,想到什么就去做的人。巧的是,我身边真的有一位行动派。

工作中出现问题了,默默忍受,抱怨几句,那叫吐槽;无法忍受,只想走人,那叫跳槽。

朋友左左,应该是广大人力资源最痛恨的一种人,跳槽者联盟里唯一的候选人非她莫属。在工作的七年时间里,她成功换了十份工作。

倒也并不是热衷于跳槽，而是一直没有找到让自己内心沸腾、愿意为之奋斗终生的工作。

左左的优点是，不怕折腾，也不怕失败。毕业前父母让她考研或考公务员，被她拒绝了。她当时踌躇满志，理想很丰满，觉得自己正处于"花季"的年龄，应该去大城市闯荡，为事业努力打拼。

也不知道哪儿来的自信，她连简历也不投就直奔深圳，窝在每月几百元的单间出租屋，一边辗转寻找住处，一边海投简历找工作。

那时的她，无比相信自己很快就会找到一份好工作。

现实往往很残酷，它只会教你怎么做人。被拒绝了一次又一次之后，左左才意识到自己的想法有多天真，实力有多弱。

面对渐渐瘪下去的钱包，她从理想主义者变回现实主义者，选了一份销售工作。没有经验、没有业绩、没有提成，靠底薪完全不能生活，有一段时间很煎熬。

怎么也没想到，这辗转反侧、纠结焦虑的第一份工作竟然是销售，没有说销售不好，只是和理想差距太大。

后来，她又找到一份在广告公司当插画师的工作。她以前学过几年画画，果然技多不压身，真的派上用场了。结果日久生厌，因为这份工作需要放下很多自己的喜恶，有时候不是为了好看，只要按要求做完，甲方满意就好。

明明那是一个很难看的东西，还是要交上去，而且还通过了，她觉得理想在一点点幻灭。

工作不是很忙，没事时可以自由摸鱼。坐在工位发呆时，她会想起曾经意气风发的自己，她不甘心。工作还是要学到点东西的，摸鱼是很愉快，但得不到成长。

坚持了四个月，消磨掉了待下去的欲望，她选择了裸辞。如果你特别想走，会有一个很强烈的愿望，觉得自己坐在那里就是浪费生命。

从深圳回来，她又干上了销售。这次是在一家高级健身会所，比之前那份工作更磨人，每天都在打电话和接待客户之间奔波，重回只有底薪的生活。好在平时还能在网上兼职做插画师，才让自己生存下来。她唯一的快乐是，工作完可以免费享受会所里的健身器材，然后再洗个热水澡。

到了辞职那天，她才成功销售了五张会员卡，看到银行账户里的奖金数字时，正式和销售工作做了了断。

在那之后她继续折腾着，商品代理、装修公司，甚至还去了网红孵化公司……

2

"等等，网红孵化公司？"当得知左左去了网红孵化公司，我很吃惊,"你会孵化网红吗?"

"一开始肯定不会啊,慢慢摸索呗。"

然后她细致地跟我讲了一下,如何从一开始什么都不知道,到自己签约网红,然后怎么进行全方位的培养,怎么向平台输送……我听得云里雾里的,越发觉得她了不起。

"你太厉害了,可以做这么多性质完全不同的工作,我就不敢。"

"有时候,也考虑不了那么多,就是硬着头皮干。后来我发现,要想顺利把事情做完,可以先假装自己能做到,然后就真的能做到了。"

有些事硬顶上才是最好的方法。实际上看到自己在行动,即使只是做做样子、走走形式,信心也会跟上来。

最初尝试的那几次肯定是很困难的,所以,在艰难的早期阶段,要把成就感建立在做的事上而不是感觉上。

你很焦虑,但还是和别人打了招呼;你满头大汗,但还是跟老板大胆提了加薪的要求;你没有准备好完美的答案,但你举手了;你紧张得快吐了,但还是约了她出来。

你的焦虑不可信,所以不要寻求它的反馈。看看自己做了什么,用你做到的来衡量你的成功。

前段时间和左左吃饭,才得知她现在和朋友合伙开了一家"共享办公空间"公司,提供空间给没有固定工作场所的人。原来,她的第九份工作,互联网公司的设计也不干了。

"你是从哪发现的这些稀奇古怪的工作？"

"这次是朋友邀请的，我觉得挺好就参与了。"左左笑着说。

"现在的工作有意思吗？你喜欢吗？"

"挺喜欢的，没想到刚开始做就吸引了那么多人，看来大家都需要一个安静的工作场所。而且我们的会员真的各行各业都有，之前干销售嘴皮子没白练，我现在和人打交道一点儿都不打怵，和他们交流也学到了很多东西，感觉眼界更开阔了。"

"你真的很好学啊！"

"哈哈，那是，总要学点东西，睡觉才踏实。"

我倒是很好奇，第九份工作她挺喜欢的，怎么就不干了呢。

左左说："当时也犹豫了一下。办完离职手续走出公司大楼，过马路时正好赶上红灯，倒计时数字从 60 秒开始，我突然想，它是不是在暗示我，现在后悔还来得及？但绿灯亮起时，我还是笃定地走了过去。在那一刻我知道，我是对的。人生还会有很多个迷惑性的路口，我要做的就是选定最想通过的那一个。"

"这份工作算是心想事成吗？毕竟你现在也是合伙人了！"

左左显得很兴奋："怎么说呢，感觉很棒。以前那么多工作都没有这样的感觉，现在每天都很期待，总有使不完的劲，就想多干一点。算是心想事成吧。"

心想事成多好啊，喜欢的人能在一起；感兴趣的事情能做到；

153

想买的东西能抢到；想吃的东西马上能吃到；渴望的都拥有；讨厌都远离……真的做梦都会笑出声来。

但心想事成靠的从来都不是简单的运气，靠的是为了心想事成你到底能有多拼。

一腔热情不足以心想事成，只有扎扎实实、脚踏实地地行动，明确自己的目标；还要扛住压力，和焦虑做斗争，要接受无数个默默做事却得不到认可的时刻；然后依然打起精神，用最好的精气神去面对，去处理一切难题。

我无意讨论频繁跳槽的利弊，但不可否认，左左确实在一点点接近自己最想要的那种生活。她享受每一次探索的意义，每份工作都能学到点东西，每段时间都会复盘自己的生活与工作，然后积极调整。工作时尽可能展现自我的价值，慢慢让自己有更多技能傍身，闲时就享受人生。

许多追梦的人，他心里有一股劲，无论结果好坏，他都要坚持，别人觉得他轴，但其实他的逻辑很简单：他享受追梦的过程，又并不强求结果，往往无心插柳的时候，反而自然成了。

3

世界上有两种人：一种在池边玩水，享受戏水的乐趣；一种一头扎入深水区，去探索各种未知。

哪一种更值得推崇？我觉得两种都值得，因为他们都选择了下水，而不是只在岸边观望。

很多人不会承认自己不愿意行动，他们会说自己还没准备好；等准备好了，就会行动。

这会导致什么结果呢？错失良机。

不敢轻易开始，无非是怕做错。从短期来看，"做错"的事情会让人感到后悔，并会想办法去补救，但把时间拉长，"没做"的后悔程度，会远远超过"做错"。

任何值得做的事，都值得第一次做砸。之所以有效，是因为它加速了你的决策，让你直接行动，哪怕结果不够好，你也可以调整它、优化它，否则你会花很长时间来决定你应该如何去做。

在面对做与不做的问题时，优先选择去做，也许是一个更好的选择，至少你不会那么容易感到后悔。

松浦弥太郎说："按照顺序，一件一件地用心去处理好眼前发生的问题，只要这么做，你心中的不安便不会再任意膨胀，只因你采取了具体的行动。"

"至少比不做要好。"这是我最近很信奉的一句话。

听过太多负面情绪的话了：我运动了怎么没瘦啊？我早睡了怎

么还是长痘啊？我努力了这么久怎么还不升职啊……然后备感无力，觉得失去了对生活的掌控，好像什么都改变不了。

这种时候，就要想：如果我没有做那些事的话，情况一定比现在更糟糕。

如果我没运动，可能已经更胖了；如果我没早睡，可能会长更多的痘；如果我没努力，那么我现在一定被甩得更远。

我们做的事情并不是没有用的，它或许需要一点时间，需要厚积薄发，但是做了一定要比没做要好。

哪怕今天只看了一页书、只背了五个单词、只运动了十分钟，也会比"觉得这几分钟没用，所以什么都没做"要好得多。

无论如何，至少比不做要好。

人是因为什么都没做才会有那种半空中的失重感，你把生活的支配感交给了虚无，自己也就只剩下无能为力。

努力尝试和改变才是最不憋屈的活法。快乐不是你想要就能有的，你要去做让自己快乐的事；羡慕不会让你成为那个人，你要去做能成为这样的人的事。

激发干劲的最好方法就是"硬着头皮开始做"。磨磨蹭蹭地等着干劲上来再做，就总也提不起劲来。不要胡思乱想，羡慕没用、干想没用，要去行动、要去成为，只有开始做了，干劲才会慢慢跟上来。

要做一个踏实而有执行力的人：此时能做的事，绝不拖延到下一刻；此地能做的事，绝不想着换另一个地方再做；此身能做的事，绝不妄图他人来替代。

至于失败了怎么办，那就让我们热烈地庆祝又一次失败。

每一次失败都是一次珍贵的尝试，哪怕只前进了一点点，也是在给自信心这栋小房子添砖加瓦。

生活是在一堆
碎玻璃碴子里找糖

生活,就是用你拥有的那一二分的甜,
去冲淡八九分的苦。

快乐和烦恼也应该像脆皮软心糖的花样口味,随机而不确定,
每一口酸甜都是过关斩将,每一次尝试都是绝版体验。

世界快得过火,你也没有理由一直活在不开心里。

1

生活，就是用你拥有的那一二分的甜，去冲淡八九分的苦。

爱情中，我们也格外贪恋那一点甜，希望有一个人的出现，成为那颗最甜的糖。

遗憾的是，不是每段爱情都能以甜蜜收尾，有的爱情甚至连开头的甜蜜都少得可怜。

朋友吴双双经历了一段白开水式爱情，无色无味，无感无趣。这段感情的甜蜜期短得可怜，爱情秒变亲情，就像老夫老妻的生活，试想一下，如果热恋时就这样，那也太没意思了。

怎么说呢，比起那些鸡飞狗跳的爱情"事故"，这段感情省心省力，任何时候被问起"你和大东怎么样？"，吴双双都能回答"还行"。是真的只是"还行"而已，既不用扮演福尔摩斯来查对方手机，也不会因为吵架而互相忌恨。

但偶尔，当吴双双听到身边的朋友讲，某一天她不小心烫伤了手指，她男友如何小题大做，捧起她的手拼命吹……她会油然而生一股羡慕之情和无法向人诉说的难过，因为她非常肯定，如果是她烫伤了手指，大东可能连多看一眼都不会。

并不是捧起手指吹一吹会怎么样，而是她感觉不到大东对她的用心。

其实大东远远不算"渣男",他没有夜夜买醉,跟所有异性关系正常,微信从来不会已读不回,外出也及时报备,每到生日、节日总是会问她"想要什么"。

大东还不错吧,也就是还不错。要想搜集更多"非常爱"的细节,也是真的搜不到。

吴双双是律师,偶尔出去应酬要喝点酒,她说过不止一次,希望大东能去接她一下,而他总是让她打车或者直接叫代驾。

吴双双说想去旅游,大东总是嫌做攻略太麻烦,以后再说。

吴双双说想去看一场爱情电影,大东说无脑爱情片有什么可看的。

她告诉自己,这些做不做也都无所谓,但有时候她很委屈,明明这些都是只要他再多在乎一点点就可以做好的事情。

去接她、去旅行和看电影,都不是多么重要的事情,但要做也真的不难。如果维系一段感情需要的热情是七十五分,而它正好就做了七十五分,但除此之外,就什么都没有了。

说起来也不复杂,就是没有那种女孩儿都很渴望的情绪价值。

爱情怎么能离开情绪价值呢?爱情如果不黏黏腻腻、不互相花心思、不适当依赖对方,那和甲方乙方有什么区别。

所谓仪式感,对女生来说,就是在漫长的一生里,你能偶尔对我用点心。

我们当然都是独立的个体，每天为美好生活辛苦打拼，当有一天，你突然累了，希望有一个人来握紧你的手给你力量的时候，那个人却平静地看着你，让你多喝热水，这时候谁需要什么鬼热水啊，明明一个拥抱就可以解决，分明就是不上心啊！

多喝热水没问题，但关键在于这是一句敷衍的套话还是真诚的关心。

说不清楚通过什么方式来表达和感受被爱，但是一个人是只愿意与你维持最基本的和平共处关系，还是他在好好用心地爱你，你是完全能感觉出来了。

没有热情、没有黏腻的甜蜜、没有付出情绪价值的恋爱，是非常消耗爱意的。

感情不是水龙头，不能说关就关，但可以像电池，慢慢地消耗，总有一天，会耗尽所有的念想。

没有很爱很爱的星星点点，真的太难撑过漫长的人生了。

这星星点点是什么呢？就是累时的一个拥抱、用心挑礼物的过程、一起旅行时的甜甜蜜蜜……有时候的确很费时间，但收获的总会比付出的多。

吃三十块一把的烤串还是三千元一顿的日料从来都不是关键，在有需要的时候有人可以为你的精神托底才是重要的。

在任何想要维系的关系里都不要偷懒。好的感情，是应该能让对方感觉到你的用心，是"全世界怎么要求你那是它的事，我最偏心，我的糖都给你"。

2

在爱情中失意的吴双双最近又在事业上失意了，真是名副其实的"双失"青年。

作为一名律师，我们总觉得这个职业属性的人该是冷静又清醒的，所以有什么困难都愿意找她帮忙分析，这个世界上应该没有什么能难倒吴双双。

最近聊天才得知，还真有吴双双也搞不定的事。失恋后，她的工作无缝对接进入了瓶颈期。我们惊讶她伪装得太好，一点都看不出来，也为她的倔强生气，发生那么大的事，竟然没告诉我们。

工作了几年，她发现自己很难再进步，以前觉得游刃有余的事情，现在做起来特别费劲。每天翻看各种案例资料，但脑袋还是空空如也，研究案情的时候，完全找不到切入点。

白天，她把自己关在办公室强迫自己思考，越想越焦躁；晚上，她疯狂加班，咖啡无限续杯，奈何脑子像糨糊。

情况持续了一段时间，越来越严重，最严重的时候，她连门都不想出，家里乱七八糟的，她躺在床上，听案情讲解，烦得要命。

工作和生活好像突然停滞了，她一脚踩空，感觉自己一直在坠落。

有一天晚上，她又因工作没有进展而抓狂，但脑袋里有一个声音告诉她：不能再这样了。

她勉强起身下楼去散步。已经很久没在这个时间下过楼了，原来小区外面的广场这么热闹啊，有跳广场舞的、有演奏乐器的、有健身的、还有跳街舞的，十几个少年尽情展现青春活力。

吴双双被成功吸引，不自觉地随着音乐节奏一起摇摆。

有一个女孩注意到她，把她拉进队伍里。

起初她还不太会，后来把心一横，硬着头皮瞎跳，最后彻底玩疯了，手舞足蹈，全场数她跳得最欢，在广场上跳出了夜场的氛围。

就在那一瞬间，莫名其妙地，整个人得到了某种释放。

约翰·列侬说："我们正在为生活疲于奔命的时候，生活已经离我们而去。"

最初工作挣钱是为了改善生活，但干着干着，却把工作挣钱当成了目标，而忘记了生活。

很多人收藏了很多生活小妙招，最后却发现自己没有生活。

偶尔，生活会因为一件小事脱轨，那一刻，你突然不相信自己了，不相信自己能搞定糟糕的现状。但是不相信自己这件事，又会从一件小事上重新相信回来了。

人生那么长，你会被莫名其妙的东西击倒，然后要靠莫名其妙的东西站起来，但你不知道那种莫名其妙是什么。

其实这种莫名其妙的东西就是生活藏起来的糖。我们需要拨开生活鸡零狗碎的迷雾，在一堆碎玻璃碴子里找到那颗糖。

有的人的糖在备忘录里，那里记录了别人跟他讲过的他身上的优点。在失意时，他会拿出来看，然后，又相信自己一点了。

有的人的糖在朋友的关心里，在朋友圈里发心情不好时，意外收到了不太熟的好友发来的消息，说虽然不知道发生了什么，如果需要聊天，随时都在。

还有的人的糖在陌生人给的惊喜里，在排队吃饭时，收到了两张陌生人塞过来的优惠券，说自己来不及用了，但又不想浪费，希望可以给陌生人一份小惊喜，多点几样爱吃的菜。

世界上最治愈的事情，往往会在不经意的瞬间发生，也许是自我的鼓励、朋友的关心、爱人的照料，甚至陌生人的善意。正是因为这些事情的发生，让我们在苦闷的生活里，找到了坚持下去的力量。

所以，你必须培养一些爱好，不是空洞遥远的目标，而是实实在在甚至庸俗的吃喝拉撒，必须一觉醒来很清楚至少今天还能干什么。去楼下吃最丰盛的早餐，去给窗台上的盆栽浇水，去追一集刚更新的电视剧，去找一个知心老友唠嗑。

你必须积攒这种微小的期待和快乐，这样才不会被遥不可及的梦和无法掌控的爱给拖垮。

生活里，除了要看看天气，也要接接地气，才能看到烟火气。

3

《奇葩说》里，柏邦妮曾感叹："心里全是苦的人，要多少甜才能填满啊？"

马东回复："心里有很多苦的人，只要一丝甜就能填满。"

要是问我，什么是疲惫生活里的一丝甜？我的答案是，菜市场。

如果让我形容天堂的模样，它应该是菜市场的模样。

我喜欢菜品陈列那种有秩序的美，强迫症瞬间就治好了；我喜欢形形色色的番茄，还有各种形状的南瓜，对色彩与形状的理解更细致了；我喜欢摊主教我的各种储存食物的小妙招，简直是重度社恐的福音。

我留恋瓜果时蔬的新鲜，生鸡活鸭的吵闹，还有熙熙攘攘的人群以及他们的狗狗。

我永远是菜市场的忠实粉丝，不管多累，下班能去耍一耍，就能恢复元气。

尤其是看到一排小吃摊,真的口水止不住地流。烤冷面是拼搏之余的温柔犒赏;铁板鸡架是疲惫生活的英雄梦想;蒜蓉粉丝扇贝是心底永远不会被磨灭的欲望;而勾魂大腰子总是发出最野性的呼唤,鼓励我再来两串……

那是一个有魔力的地方,心情不好去遛一圈,你会发现原来还有很多人在努力生活。当你亲自体验那种人声鼎沸、生动具体、鲜活有温度的瞬间,什么坏情绪都可以一扫而光。

说到底,人间烟火气,最抚凡人心。

说不好什么是热爱生活,但是去热气腾腾的菜市场走一圈,我的心是满的,一下子柔软起来。一切面目可憎的事物都可以被原谅,就是这么简单。

市井长巷,聚拢来是烟火,摊开来是人间。

人生中有很多快乐跟金钱并没有必然的关系。

去见心上人的路上,就算坐长达十几个小时的硬座,也觉得心里像吃了蜜一样甜。

下班后街头的一碗臭豆腐、一罐冰镇可乐,快乐就能滋滋冒泡了,一天的辛苦也不算什么。

在夏天的清晨一身轻松起床,阳光洒满窗台,太阳又一次照常升起,就很开心。

人生很短，经不起满腹幽怨和盲目置气，你的职责是照顾好自己而非焦虑时光，别只顾着在苟且里伤春悲秋，你要时常想起诗和远方，想起奶茶和糖果。

未来还有更多的可能性值得探索，快乐和烦恼也应该像脆皮软心糖的花样口味，随机而不确定，每一口酸甜都是过关斩将，每一次尝试都是绝版体验。
世界快得过火，你也没有理由一直活在不开心里。

生活的规律是，你越想要什么，越不给你什么。而你要做的，就是拥有什么，就玩好什么。

生活给你柠檬，你就榨柠檬汁；生活给你一地鸡毛，你就做鸡毛掸子；生活给你雪球，你就做最甜的甜筒。

生活给你甜甜圈，你就透过那个大洞，选择只看甜的部分。

如果你热爱生活，生活一定比谁都清楚。

一定还有很多"人间很值得"的时刻，没事儿就去找找这些美好的时刻。在充满小挫败的生活里，你迟早会嗑到自己的糖。

人生不如意时
"切"一声就好了，
因为一切都会过去的

人生的很多至暗时刻都是暂时的。

当上帝对你关上一扇门，不要生气，那是让你练习面壁，是给你时间调整自己。

你看，一切都没有那么糟，

天气会很好，太阳会升起，阳光洒满大地，会毫不偏颇地分给你，

空气中的花香，也有一份会向你散开，

就连现在的小挫折，也是美好生活的欲扬先抑。

1

朋友果子有一种超能力：如果没有人赶鸭子上架，她就会袖手旁观，亲眼看着一件事从糟糕变得更糟。

比如，想看的话剧或者是演唱会，刷了无数遍的购票信息，也看过了路线图，算好了时间，却在最后要付款时犹豫了，太麻烦了，还那么远，看完出来那么多人，不知道多长时间才能到家，万一到时候临时有事……然后想了很久就没下单。

再比如，和我们约出来玩，中途几次要放鸽子，我们知道她的老毛病，就逼她出来。结果每次就她玩得最欢，迟迟不愿回家。

果子自知不擅长解决问题，要么别人帮她解决，要么任由事情变得一团糟。她相信一时逃避一时爽，一直逃避就会一直爽。直到这次失恋。

说实话，失恋这件事情本身没有给她带来太大的打击，倒是给她带去了很多麻烦。

分手没几天，家里的网络出了问题。她给运营商打电话，得知最快要明天。她瞬间炸了，明天还要上班啊，小区信号还不好，这不就是变相失联。从失恋到失联，原来就是一根网线的问题。

业务员看她情绪激动，反过来劝她，并且当天晚上就派人来修了，原来是插头松了，维修人员帮她加固了插头，再也没有松掉。

而以前，这些事情都是前男友去解决的。

半个月后，水管漏水，流了一地，她拖地拖到崩溃，恰巧邻居阿姨看到了她的窘态，回家拿了工具，没几分钟就修好了，水流比以前更流畅了。

而以前，遇到这些事情她只会抱怨，然后站在一边看着男友去解决。

一个月后，家里有亲戚要来玩，让果子去接机。果子很烦躁，各种纠结怎么去机场，打车太贵了，地铁不能直达，坐机场大巴不知道在哪上车……后来硬着头皮出发了，选择了机场大巴，结果一切顺利，接到了人。

而以前，往返机场都是前男友接送。

后来，租的房子到期了，房东要涨价，果子只能退租。她第一次独立找到房子搬家，坐在新家的时候，她觉得自己太牛了。

我们都觉得她这次分手分得太不是时候了，似乎影响了她的整个生活走势。早知道后劲这么大，还不如不分。

但果子竟然一反常态，她说，这次分手对她来说是非常重要的人生课题。

这段时间发生了很多事情，或大或小，或麻烦或悲摧，每一件事都在逼着她去面对，变相让她学会了直面生活。

原来，学会好好生活，必须进行实操。

难过也好，迷茫也好，学会好好生活，就是做好一件件生活的小事，好好吃饭，好好睡觉，想运动时就去运动，无论发生什么事情，都努力解决。

然后就会发现，没有什么事是过不去的，也没有什么事是解决不了的。

果子说，她现在终于相信那句话了："这世界根本不存在'不会做'这回事，当你失去了所有的依靠，自然就什么都会了。"

她曾觉得这句话很伤感，但是经历过一些事情之后，早已没了当初那些自怨自艾，现在满脑子都在想：俺现在可厉害了，没什么是做不成的。

因为独自解决问题之后获得的成就感，是任何"依靠"都换不来的，靠别人可能很轻松，但是靠自己很痛快。

一个人去解决问题，从来不是孤独和无依靠，而是成长和必须。

喜欢的东西就努力争取，被人冒犯不舒服就怼回去，不会的事情就上网查，可以找人帮忙但不要总想靠别人，慢慢地你会发现，自己真的很了不起。

2

我们都曾幻想长大的自己会变成身边人的港湾，成为他们最强大的后盾，但现实却是，自己只是大海中一艘随时会翻的小船，飘摇无着，步步惊心。

个人的努力在充满变数的生活中总显得那样地渺小与脆弱，即使步步为营，仍会遇上狂风暴雨，也许这才是人生。

朋友洋洋自嘲是公司终结者，因为他每次离职，都是因为公司倒闭。

每次求职时，面试官都会看着洋洋的简历，问出相同的问题：

"我看您近期的几份工作在职时间都不太长，方便问一下是什么原因吗？"

洋洋会小心翼翼地解释，比如"业务调整""公司搬到了别的城市""项目发展路线不符合自己的预期"……

"前公司都倒闭了"这句话，他怎么也说不出口。

第一份工作起点很高，当时那家公司红红火火，正要全力准备上市。业绩好的时候，领奖金领到手软，年终还会带着所有人去巴厘岛玩七天，北京飘着鹅毛大雪，他们的朋友圈里是过不完的夏天。

作为一个应届生，毕业就能进入这样的公司，当然求之不得。

可好景不长，公司被查出来数据造假，原来风光背后都是自己镶的假钻。瞬间一盘散沙，稍微有点门路的早就跑了，离职群比工作群都多。

洋洋起初也很慌，但他觉得自己还是新人，可以再坚持一段时间，万一还有机会呢？

不久，残存的团队几次转型，最后公司以一个低廉的价格被打包出售，新公司把这些老兵扫地出门，他也算是仁至义尽，陪了公司最后一程。

从这个坑里爬出来，他又换了几家公司，宠物、保险、培训机构，都做过，都倒了。

洋洋有时候感叹："世界这么大，我依然找不到工作。"

身边不少人对他指指点点，说他什么也干不长，他真是有苦说不出，还有人在背后叫他"职业克星"和"行业冥灯"。

金牛座的洋洋自认是一个踏实靠谱的人，没想到求职路这么艰辛。但是他顾不了这些，现在唯一需要的就是一份工作。于是继续投简历，去面试。

终于找到了现在的工作，这份工作超过了以前所有工作加在一起的时间。虽然公司规模不大，但他每一步都走得很稳，福利待遇也逐步上升，可算是熬过了自己的至暗时刻。

不停换工作的这几年，也许对别人来说轻描淡写，但当中经历的一切只有他自己知道，有狼狈离职的无奈、有被强制执行的羞辱、有看到好运眷顾却又被狠心抽走的失落……目前的生活也许算不上风光无限，但是和当初在浪潮中浮沉的自己相比，还是要好上太多。

不得不说，这种好坏全收再沉默搏斗的心态、这种用实实在在的结果来回击每一个质疑的坚定，真的很鼓舞人。

很多时候明明拿得一手好牌，却打得一团糟；明明拼尽全力，可结果却是不尽如人意；本来可以过得更好，却阴差阳错选择了另一条路。

有句话叫：上帝为你关上了一扇门，自然会为你开一扇窗。

有的人不相信，觉得上帝关上了我的门，还顺手封死了我的窗。而有的人，就是有一种本事，当上帝刚想给他开一扇窗时，他就自力更生地把屋顶给掀开了，为自己劈开了一条出路。

人生的很多至暗时刻都是暂时的。当上帝对你关上一扇门，不要生气，那是让你练习面壁，是给你时间调整自己。

任何觉得难熬的时刻，归根结底都是因为眼界不够开阔，然后把自己绕进去了。把时间线拉长之后，眼下的难过都是平常又普通的情绪流动。

时间是还原键，是迈向全新世界的传送门，它会告诉你，一切过往经历都是考验，最终直指一个目标：给你更好的。

日剧《悠长假期》里的一段台词："人生不如意的时候，是上帝给的长假。这时就应该好好享受假期，当突然有一天假期结束，时来运转，人生才真正开始了。"

如果此时此刻不太顺利的话，一定是以后有十倍百倍的好运气在等着你，困在当下总是最痛苦的，不要纠结，大步往前走。再坚持一阵子，人生会比想象中更加明朗，更加开阔。

3

在游乐园玩一天，你就会发现，人类的游乐形式只有三种：原地打转、大起大落和原地打转并大起大落。

村上春树说过："不必太纠结于当下，也不必太忧虑未来，人生没有无用的经历，当你经历过一些事情后，眼前的风景已经和以前不一样了。"

过往的迷茫与不解，时间最后都会告诉你答案，果实归果实，泡沫归泡沫，你要继续缓慢前行，没有什么能打倒你，更没有人能让你停滞不前。

我们都是普通人，没有吃多么了不起的苦，没见过什么了不得的大场面，也没有拯救世界的能力，更多时候，甚至还会失去拯救自己的能力。这都没关系，世界每天都会发生这样的事，没有什么必然的好与坏，跌落尘埃或者触底反弹都会发生。能够接受一切改变，不钻牛角尖，不放弃生活，才真的了不起。

安全感有时并不来自"糟糕的事永远不会发生"，我们当然希望如此，更现实的安全感是我们相信糟糕的事就算发生，我们也能应对。

很多事情都在变化,在当时被给定的结果往往都不是最终的结局,如果太着急、太情绪化、太急于认命,就会错过很多机会。这个世界一直在变,甚至十天就有一个变化,当不好的事情发生时,要耐心再等等,往往会有不一样的反转,如果破罐子破摔,把东西一股脑打翻在地上,就真的什么也得不到了。

太宰治说:"在所谓的人世间摸爬滚打至今,我唯一愿意视为真理的就只有这一句话:一切都会过去的。"

"一切都会过去的"是一句很好用的话,狂喜或沮丧、得意或失落、开心或难过、大笑或流泪时,都可以对自己这么说,因为真的都会过去。

但这句话只会在你真的付出了努力之后才会应验,一切都会过去的,但你得先振作起来。

当面对不尽如人意的结果,你一定要懂得,不如意才是生活的常态,事事顺心也就只是拜年时说的一句吉祥话罢了。

人生是一场隐喻,常常流泪、常常悲观,常常感到人生要完蛋,但最后都没有。

说一个冷知识:到目前为止,你已经从你所有认为不会过去的事情中幸存了下来。

你看,一切都没有那么糟,天气会很好,太阳会升起,阳光洒满大地,会毫不偏颇地分给你,空气中的花香,也有一份会向你散开，就连现在的小挫折，也是美好生活的欲扬先抑。

遇到破事，"切"一声就好，从五年十年来看，这点破事根本不算事；遇到好事，就要"哇"一声，今天也太幸福了，还有这种好事。

接下来会有很好的事情发生，好到超出预期。你要坚信，等过了这个坎，一切都会变好的，超好爆好非常好天天好永远好无敌好。

今天，同样走了很远路的你，值得叉着腰大喊一句：人生是不会完蛋的。

虽然前方拥堵，
但您仍在最优路线上

希望是火，失望是烟，人生就是一边生火，一边冒烟。

生活的磨盘很重，你以为它是将你碾碎，
其实它在教你细腻，帮你呈上生活的细节，
避免你太过粗糙地过完一生。

只要有快递还在路上，只要有好吃的红烧肉还在锅里，
只要喜欢的歌还在单曲循环中，
就感觉这生活，还算有点儿希望。

1

生活中有很多"卡住"了的时刻,让人觉得格外地艰难。

最近,我和几个朋友遭遇集体水逆,组成了"失意者联盟"。

小美,前段时间失恋了,化身为忧伤的爱情拾荒者。

小美是一个把感情看得很重的人,上段感情她爱得很投入,失恋之后,堪比灾难片的高潮部分,生活已沦为一片废墟。

白天在家翻箱倒柜,寻找相爱过的证据;晚上夜夜买醉,以泪洗面。喝下三瓶酒,能流出五瓶量的泪水,真是肝肠寸断。

李可怡呢,一个需要被关爱的易受伤人士。

暂且不提切水果时不时就能切伤手指,起身必撞桌角,走路经常左脚绊右脚的基本操作,前两天,下班和同事出去欢乐时光,打保龄球把腰闪了,而且还很严重,走路都得托着,每挪一步就发出像蛇一样"嗞嗞"的声音。

以前我们就经常嘲笑她四肢不协调,谁能想到连陈年老腰也不行了,公园里的大爷大妈看到她那个走路姿势都得直摇头。

吴双双就是一个黑锅"承包商"。

最近她的律所有一个升职机会,她本着公平竞争的心态,勤勤恳恳稳步提升业绩,没想到一向相处不错的同事突然暗中使绊,在背后黑了她几次。让她难过的不是还有没有机会升职,而是相处多年的同事怎么会突然变脸呢？

她很生气，也很不服气。这不，一边扶着李可怡去卫生间，一边还在打电话遥控下属，指示她如何反击，估计是要放什么大招。

我呢，也没好到哪去，是一个"麻烦制造机"。

上周接手了一个超级庞大又复杂的工作任务，光收集资料已经收集到快要吐血了，更别提还要做策划和组织架构……我确实有一点儿力不从心，但绝不能轻易认输，不能让我的上司失望。

所以，我只能一边焦头烂额，一边疯狂工作，假装自己可以应付。

我环顾了一下我们这几个人，看望朋友的心情都是相似的，但各有各的垂头丧气和惨兮兮。

一个沉浸在电视里播放的伤感爱情剧情，偷偷抹着眼泪；一个在电话里运筹帷幄，电话差点没打爆了；一个看似心平气和，但脑子在疯狂运作怎么把收集的资料组合在一起。只有病人是真的在认认真真生病，时不时又"哎哟"地喊疼。

生活太难了，总是麻烦不断，充满各种问题，就好像见不得我们好，一定要定期收回所有的顺心如意。稍微感觉顺一点儿的时候，生活马上指着我们脑门说："你的好日子到头了。"

为什么总是对生活不满意呢？因为我们天真地以为它可以变得一帆风顺。

过日子总会遇到点事，起起伏伏。毕竟，就连涮毛肚都要七上八下呢。

成长让人无可奈何，但也逼着我们看清了很多。就是不再断言一定，不再纠结必须，不再固执已失去，不再局限未得到。

19岁为之肝肠寸断的那个人，23岁再回头看，只会觉得当时真的很傻。

21岁遇到挫折感觉天要塌下来了，25岁再回头看，感觉那都不是事儿。

22岁轻易错过一个机会，28岁再想起来可能很后悔，分明可以再果断和勇敢一些。

人生没有正确答案，只有向前，向前，再向前。

我有点儿恍惚，这种沮丧崩溃的经历真的太熟悉了。原来人生的大部分剧情是会循环往复不停上演的。

2

没毕业的时候，我在一家杂志社实习，当时写的稿子经常被毙掉，我非常苦恼。

某个周五快下班的时候，稿子又没通过。大家都陆陆续续下班了，只有我一个人留在办公室继续改稿，前前后后修改了无数个版本，改到最后，看着电脑屏幕，一个字也打不出来了。

这个城市一如既往地灯火阑珊，我孤零零地坐在工位上，抬头看着桌子对面的墙壁发呆到了七点。

默默收拾东西回家，快到家附近时，才发觉肚子早已饿得"咕咕"叫。看见不远处卖鸡蛋饼的小摊，就买了一个鸡蛋饼，平时也不会再加什么东西，但今天太累了，特别想吃肉，就加了个鸡柳。

没想到刚走到家楼下，鸡柳就滑出来掉地上了，那一瞬间眼泪直冲眼眶。当时委屈坏了，但也没忘了把鸡柳捡起来扔进垃圾桶，看着它掉进垃圾桶的一刹那，眼泪终于不争气地流下来了，就这样一直哭着进了电梯……

进了家门，漆黑一片，鸡蛋饼也不想吃了，只想赶紧洗个澡，谁知刚洗了不到两分钟，热水就变成一股凉水冲了下来，把我浇了个透心凉。

这次崩溃得很彻底，一边哭还一边回想最近发生的倒霉事：喝凉水会牙齿敏感；吃甜筒，上面的冰激凌球"吧唧"掉地上了；好不容易看会儿电视，正好看到孙悟空被唐僧赶走了，忍不住跟着伤感；去超市买东西，破天荒忘了带帆布袋，忍痛买了塑料袋；更别提刚才那个让人心碎的鸡柳……

我当时想不明白，为什么生活就只欺负我一个人呢？

有时候生活难就难在，你不仅没能扼住它的喉咙，还顺便被它薅住了头发。

想起爸妈做的美味的饭菜、想起无忧无虑的大学生活、想起和朋友们一起玩耍的日子，我彻底想通了："不干了，明天就辞职，一个实习而已，没必要把自己搞成这样！"

好不容易熬到天亮，疯狂做了心理建设，给主编打了电话，没想到对方先开口："我刚想找你，怎么样，稿子今天能改好吗？"

想辞职的话瞬间咽了回去，鬼使神差地说了一句："可以，今天能改好。"

挂掉电话，一个强烈的念头从内心升腾起来：不就一个稿子吗？有那么难吗？我偏要改好！

我打开电脑开始噼里啪啦打字，临近中午交了稿子，通过了。

后来，每当我经历各种各样崩溃无望的时刻，都会回想这次经历，然后问自己：为什么那时会把它们看成一堵无法逾越的高墙？

如果做一件事情，能预知结果是好的，别管眼前是否有收效，坚持下去。

这么多年过去了，那些经历过的难过、失望、崩溃、沮丧的时刻已经渐渐模糊，反倒是那些当初没有轻易放弃，坚持之后得到很好结果的事情，记得越来越清楚。

生活中，总有那么一些时刻，内心会有无数个想要放弃的念头，但总有一个声音在反复提醒你：再坚持一下，你就会……

3

再坚持一下，你就会得到梦寐以求的东西，你就会改善这种糟糕的现状，你就会越来越顺利……正是这种"总是有那么一点希望，就是我可能会赢"的盼头支撑着我们坚持下去。

盼头是支撑人类生活的刚需。

当下很累，可忙完了就能吃顿大餐犒劳自己；这段时间很艰难，撑过去了就能在假期跟朋友去看海。不一定是特别大的事，小事也有小的浪漫，也足够让我们保持期待，继续生活。

我是一个时常需要一些盼头支撑自己生活的那种人。每当觉得生活很艰难的时候，都是那些或大或小，或抽象或具体的盼头支撑着我一步一步往前走。

比如，忙完考试可以肆无忌惮地追剧、打游戏，去喜欢的地方旅游；忙完一项工作，可以去参加音乐节，或跟朋友们去旅行……每一个盼头都是支撑我挨过当下困境的利器。

只要有美妙的事情等着我，哪怕眼前辛苦一点儿也没关系。

和好朋友相约见面的前一天我翘首以盼，不是因为那个日子有多么特别，是因为有了盼头。

那些藏在缝隙里的委屈、躲在角落里的不开心，还有许多需要去面对的琐碎的烦恼，都因为有了盼头才让我勇于面对。

我们总说"明天会更好",真会如此吗?谁也不知道。

只是我愿意给自己的生活设下一个个美好的假设,不是因为那一天有多么特别,实际上该面对的都要面对,到了那一天没解决的事情还是得解决,可我需要这样的念想,它让我对生活充满希望。

也说不定,在这种希望下我有了更多动力,一切都能更顺利一些,不知不觉就万事胜意了。

虽然偶尔会埋怨生活,但盼头又让我们对它产生了无限热爱之情,不至于沉溺于失意情绪太久。

小美迷上了泰拳,下班就去打一个多小时。那种力量的释放让她坍塌不起的内心得以一点点重建起来,逐渐找回了生活的信心。

当然她没忘了带上李可怡,教练给可怡安排了青少年强度的恢复训练,效果相当不错,腰也不怎么疼了。

吴双双放弃反击了,失去了升职机会只是她成为律所合伙人道路上的一颗小石子,因为别人把自己变成面目狰狞的人,那才是损失巨大。

至于我,彻底想开了,工作是工作,生活是生活。我不再一味钻牛角尖,而是细化了工作任务,给自己留出缓冲放松的时间。工作慢慢有了头绪,好像也没有那么难了,甚至有时候制定周末玩乐计划,这日子还值得过。

只要有快递还在路上,只要有好吃的红烧肉还在锅里,只要喜欢的歌还在单曲循环中,就感觉这生活,还算有点儿希望。

我们确实需要信念感支持自己向前走。

小梦想也好，大目标也罢，或者只是一点儿小盼头，无须被人理解，也不必着急实现。有时候能让你撑下去的不是拥有另一个人，不是获得多数人的喜欢，不是一切都很完美，而是你可以放过自己，做任何觉得舒服的事情来抵消当下的难挨。

这个世界上有那么多可以带来快乐的东西，高高兴兴的比什么都强。

早餐的荷包蛋火候刚刚好；中午的太阳暖洋洋；今晚的月色朦胧又温柔……还想再品尝一次，还想再见它们一面，所以要一步一步地走下去。

当万物明朗，生活有了盼头，人生才会越来越有意思。

4

希望是火，失望是烟，人生就是一边生火，一边冒烟。

只要心里的火永远不灭，哪怕别人只看见烟，就还有希望。

看到想吃的美食，下班后就去吃，生活就是那么简单，只有绝望的念头，没有绝望的生活。

一个人之所以能够感觉到幸福，不是因为生活愉快，没有烦恼，而是因为生活得有希望。

谁都会经历颓废失意、内心愿景崩塌的时候，之所以能够从泥泞中一步步走出来，并非只是因为得到鼓励或者看到什么激情满满的东西，还靠我们在生活中为自己布满了柔软的、温和的、坚定的、看上去并不要紧的小希望、小盼头和小希冀。

对抗困境唯一有效的方法就是专注用心地好好生活，把最重要的力气投入到真实的创造中。

当有一天你再回头看时，能记住的都是那些热泪盈眶的瞬间，至于失魂落魄、丢盔弃甲的情节，都已经淡到模糊了。

人生就像茶叶蛋，需要有裂痕才会入味。

工作不顺、创意停滞、人际烦扰、病痛缠身、囊中羞涩……各种糟心的生活每个人都会遇到，但人生不是因为看到希望才去坚持，而是因为坚持才会看到希望。

就算什么也没有实现，但一路走来的印记，都是一个人蜕变的蛛丝马迹。也许结果并不如最初所愿，但切切实实的成长会让你领悟：出发的意义不在于抵达，而在于奔跑。

生命中出现的种种偶然和意外教会我们，别无选择。

但别灰心，就像导航里说的："虽然前方拥堵，但您仍在最优路线上。"

无论是爱而不得、经历分离、游戏连败、工作不顺、买不起心仪的宝贝、机会从手中溜走，还是被分手、被嘲笑、被利用、被轻视，都不要灰心，不要失望，因为每次受到打击都是你重整旗鼓的好时机，而且当生活坏到一定程度、倒霉到极致，好运就会紧随而来。

跌落谷底意味着你会在伤心后迎来更长久的开心；在惊吓后收获更意外的惊喜；在苦恼后拥有更难忘的幸福；在失意后获得比以往更多的得意。运气是守恒的，不要惧怕身在谷底，正因为无路可退，所以今后每一步路都是向上的。

你要相信触底反弹，在最难的时候一定会有一些别的转机。

毛姆说："上帝的磨盘转得很慢，但磨得很细。"

生活的磨盘很重，你以为它是将你碾碎，其实它在教你细腻，帮你呈上生活的细节，避免你太过粗糙地过完一生。

人生是一个艰难跋涉的旅程，没有东西会保持不变。

有时天晴，有时下雨，当你在路上心安理得享受灿烂阳光时，就应该明白，如果有一天遭遇风雨，也该一样坦然接受。

好运来的时候多多积攒明亮片段，留着前路暗淡的一刻拿出来照亮自己。

"运气不好"从某种意义上或许是一种幸运，它让生活的磨盘转得更慢，磨得更细。如果你很清楚自己可以长命百岁，就不会在乎眼前一朝一夕间发生的事情。

每天要带着希望出门,如果事与愿违,就再把希望带回来休息休息,明天继续带着希望出门。

急什么呢,好日子还在后面呢。

在人类所有的美德中，
勇敢是最稀缺的

你一定会遇见能理解你的辛苦与不安的人，

会遇见能点亮你内心黑暗角落的人，会遇见能在别人冷眼旁观时拥抱彼此的人，

但在那之前，你要勇敢。

希望你依旧敢和生活顶撞，

敢在逆境里撒野，敢于直面生活，

永远乐意为新一轮月亮的升起欢呼。

希望你继续兴致盎然地和世界交手，一直走在开满鲜花的路上。

1

前两天下班后和部门几个同事约饭,出来时巧遇了隔壁部门的"茶艺大师"茶茶。别误会,茶茶真的是茶艺大师,我们经常分享他自制的茶包,味道不比外面卖的差。

茶茶高高兴兴地加入我们,其实他并不知道,附近新开了一家火锅店,五人同行送一盘肥牛,正好我们缺一个人……当然,他不用知道这些内幕,只要开开心心地吃就行了。

在和同事一起吃的火锅里,有毛肚、肥牛、黄喉、百叶、鸭血、水晶粉,以及快乐。无论这一天多么辛苦,美食真的是最好的治愈良药。

吃得正高兴时,我突然发现茶茶看着门口愣了两秒钟,就问他怎么了。

他低头掩饰自己的慌乱,一直摇头说没事,但是他的脸微微泛着红。他的脸红不是因为亚热带气候,而是因为那天火锅店太热,出卖了他隐隐约约的心动气息。

我绝不允许他把这事混过去,大家群起逼问,茶茶不得不说出实情。

原来,刚才热气缭绕,他恍惚以为看见了一个朋友,结果认错人了。而这个人正是他脸红的原因,他们相识多年,最近茶茶突然对她心生一丝超越友情的情感。

他非常苦恼，又不敢轻易表白，总是把偶尔从身边经过的人错认成对方，感觉每一个人都像她，但每一个人又都不是她。

瑶瑶做了结案陈词："看来你是魔怔了。"

"我自己也觉得不太妙，那能怎么办呢？"茶茶一脸苦涩。

"告诉她总比疯了强。"

"这么多年朋友，突然表白，也太奇怪了。"

"大侄子"一下挪到茶茶身边，把手搭在茶茶肩上，对他说："兄弟，我懂你，真的！爱情这个东西我最了解了，以我的经验来看……"

我赶紧把"大侄子"拽回来，说："你可闭嘴吧，你那些都是失败案例，别害了茶茶。"瑶瑶更是不客气，直接往他嘴里塞了一块饼，不让他继续说。

茶茶的心情不难理解——越是想靠近的人，越不敢靠近，因为无法确定对方心意，害怕自己主动但被拒绝后，连现状都维持不下去，所以干脆不戳破这层窗户纸。

在日常交往中，我们可以张口"宝贝"，闭口"亲爱的"，一搜"爱你"，上千条聊天记录，偏偏面对喜欢的人，千般纠结，万般扭捏，就是不敢说出一个"爱"字。

明明一谈起对方眼睛都发光，没收到对方消息时能解锁手机几十次，对方随口说的一个喜好都能在心里默念几百遍，但别人一问起是否对他有想法,还是矢口否认:"没那回事,是一般朋友。"

因为我们害怕真心错付或者突兀的表白直接把对方吓跑,所以在没有收到足够信号前宁愿假装不在乎,这样就算输了也比较体面。

何止是感情,在很多事情上都是如此:越想认真对待的事、越想得到的东西,越表现得不以为意。

有一次聚餐,我相中了桌上仅剩的一块蒜香排骨,刚想伸筷子,隔壁座位的人下手比我更快,一下就夹走了。

我眼睁睁地看着排骨被夹走,默默收回了筷子,对方发现了我的尴尬,还不好意思地问我要不要。

我摆摆手说:"没事啊,一块排骨而已。"也确实只是一块排骨,但一块排骨会承载小小的执念,不然为什么过了这么久,我还是不能释怀?

嘴上说的那些言不由衷的话,都是为了掩饰内心最真实的"我想要"。

一直没开口的宝莉喝了一大口饮料,对茶茶说:"有什么不敢表白的,约她出来,告诉她,你喜欢她,搞定!"

茶茶一脸不可思议,说:"哪有那么容易搞定,万一失败了,连闺密都做不成。"

"你还差那一个闺密吗?再说你是不是搞错重点了,友谊的小船为什么说翻就翻,不然怎么坠入爱河啊?"

这话要是换成别人说，我们都会无情鞭挞她的不解风情，纯属站着说话不腰疼，但说这话的是"我没有温柔，唯独有这点英勇"的宝莉，那就不得不让人信服了。

2

你有没有那种突然在人群中摔了一跤，然后尴尬到想找个地缝钻的经历？如果是我，我会连夜卷铺盖跑路。

有一次，我们去海边玩。那是一个近海的浅滩，为了摸鱼，我们赤脚在淤泥里蹦跶，结果宝莉不小心摔了一跤，裤子上全是泥。

当时也没带备用的裤子，就继续玩下去了。

很多人看到宝莉脏兮兮的样子，在旁边指指点点，以至于我们替别人尴尬的毛病都犯了，恨不得假装不认识她。但宝莉根本没当回事，玩得很快乐。

有个大哥还问她："哎，你是不是摔跤了？"

她笑呵呵地回答："是啊，太滑了，你也小心点。"一边说，还一边向人家展示她的泥巴裤子。

那位大哥也高兴地说："好啊，谢谢你。"

非常自然地对话，没有一丝尴尬，我肯定是做不到。

原来，勇敢的人永远不会被嘲笑。尴尬就大大方方尴尬，丢脸就正正经经丢脸。

并不是所有的女孩都是用糖果、香料这些东西做成的,有些女孩,生来即代表了冒险、智慧与无所畏惧。

在爱情方面,宝莉也绝不做扭扭捏捏的人,她始终坚持一个信念:在健身房遇到喜欢的人,一定要当场表白,因为就算对方是年卡会员,哪天说不来就永远不来了。

刚上大学时,在学生会迎新大会上,宝莉认识了一个大三的学长。一段时间后,明显都互有好感,但一直没有更进一步。

有一天,宝莉约学长出来,对他说:"那个,我直说了,我喜欢你。"把学长整得一愣,宝莉接着说,"你不喜欢我可以告诉我,没关系,我就是把我的想法告诉你。"

学长连忙对她说:"不是不是,我……我也喜欢你,但没想到你这么直接。"

"可能怕说晚了你跟别人跑了吧。"学长直呼救命,就这样,两人在一起了。当然,早就分手了。

宝莉对茶茶说:"知道吗,两点之间,直线最短,你和她也是。我真的不相信,你表白了之后她会吓跑或是怎么样,大家都没那么脆弱。反正,你要是一直拖着不表白也行,当有一天看到她和别人在一起,不眼红就行!"

勇敢地说出自己的感受,坦然地表达自己的心意,才能让这份喜欢不绕弯路地最快到达。而实际上,无论对方如何回应,这份心意也都值得被好好传递。

就像三岛由纪夫说的那样:"我告诉你我喜欢你,并不是一定要和你在一起。只是希望今后的你,在遭遇人生低谷的时候,不要灰心,至少曾经有人被你的魅力所吸引。曾经是,以后也会是。"

你一定会遇见能理解你的辛苦与不安的人,会遇见能点亮你内心黑暗角落的人,会遇见能在别人冷眼旁观时拥抱彼此的人,但在那之前,你要勇敢。

勇敢的人真的可以得到更多,不是物质上的,而是一种又一种的体验。生活中总有失去,也总在错过,但如果感受过风从掌心吹过的感觉,即便知道握不住,下一次还是会忍不住张开手。

3

罗翔说:"在人类所有的美德中,勇敢是最稀缺的。"

有太多时刻,勇气稍纵即逝,一旦错过,就会被打回原形。

你看起来生人勿近,其实内心怕得要命,渴望能有人主动打开你的心门。

被领导要求加班,写了一大段抗议的话,犹犹豫豫地没发出去,最后变成"好的,没问题"。

关于自己的负面情绪,本来要和朋友"分享",仔细想想觉得太矫情，于是选择默默消化。

因为不愿面对努力之后的失败，所以畏惧暴露自己内心真实的想法。于是小心翼翼维护着自尊心，让自己看起来玩世不恭，对"失去"这件事看得很淡，甚至为了保留面子，宁愿放弃一些自己珍惜的东西。
"无所谓""我没事""都可以"成了最佳的防御机制，似乎只要不表达真实的想法，就不会被伤害到。

"贪吃蛇"游戏告诉我们：长大后，我们渐渐失去了横冲直撞的勇气。

有时候太早把退路想好，向前时就会畏首畏尾。
春天时，路边的花都开了，随手一拍就是风景，但是有人困扰的却是即将到来满天飞舞的柳絮很烦人。
夏天时，在空调房吃冰镇西瓜是超级美好的事情，但是有人想到的却是明天还要顶着艳阳出门。
秋天时，桂花挂满枝头，遍地金黄色的落叶，但是有人却在感慨夏天已过，遗憾秋天的转瞬即逝。
冬天时，白雪为城市堆银砌玉，白茫茫的一片也很美，但是有人烦恼的却是打不到出租车和化雪时的寒冷。
总是什么都还没做就习惯性预想了最坏的结果。生活中很多不快乐的瞬间，都是因为过多关注了下一步的动作，而忽略了当下的美好也是一种美好。

人生应该像小马过河，需要一些奋不顾身和不计后果的勇敢，如此才能得到想要的结果。

世界那么大，不要担心遇不上好玩儿的事和值得爱的人。去做没做过的事，去到没去过的地方，对未知事物永远保持好奇心。不要怕落空，落空又如何，假如河的对岸有一棵树，不亲自蹚过去你永远不知道它有没有开花。

真正的勇敢，不是对外界，而是对自己。不要任由自己继续过得拧巴纠结，要敢于面对喜欢的人或事，鼓起勇气说一句："我真的很想要。"

真心希望你在回忆过往时，能够想到的只有"很高兴那时的我有全力以赴"，而不是"如果可以再来一次那该多好"。

务必参与真真切切的人生而非观望，去创造，去感受，别停下。

4

年轻的意义，不过是爱和全力以赴。

无法重来的人生，你不妨勇敢一些，勇敢爱一个人，攀一座山，追一个梦。

勇敢去爱一个人。人生除了生死，其他都是擦伤。你可以无所顾忌地、毫无保留地、简单大方地，去爱，去盛开。所谓恋爱，只要参加了就是有意义的，即使没有结局。当你喜欢上一个人的那一瞬间，是永远都不会消失的。那些爱将会转化为勇气，会成为黑暗中的一线曙光。

勇敢去翻越一座山。回避、躲闪、辗转腾挪都毫无作用，既然该来的总是要来，迎着刀锋而上恐怕是最好的选择，起码节约时间。不要畏惧，不要怕走弯路，不要被眼前的困难吓倒，等你走得足够远，再回头看时，那些曾经觉得高不可攀的困难，只是一个个小土堆而已。

勇敢去追一个梦。有喜欢的东西就去争取，有热爱的事物就去坚持，有中意的人就去表达爱意，有想去的地方就赶快收拾行李。很多事情没有来日方长，你要现在就去做让自己快乐的事情。

趁我们头脑发热，我们要不顾一切。
去经历、去后悔、去奔赴、去热爱、去等待、去珍惜、去想念，不要在意你的生活在别人眼里是怎样的。勇敢一点，命运只会眷顾那些勇敢的、坚强的人。
在浩瀚的宇宙中，人类如同一粒微尘，而我们所经历的一切，因勇气而无限延展，最后的结果总会让人惊叹和不可思议。
如果说人生有什么最重要的东西，那大概就是肆意生活的勇气。

不论顺流还是逆流，都能按照自己的节奏，随着自己的心意，用心生活，用力向上。

想起看过的一段特别喜欢的话：不可否认的是，生活磨掉了我们一部分的勇气和温柔，但我们还很年轻，失去的还会长出来，而新的部分将闪闪发亮。

人生就一次，要淋漓尽致地活，多做一些快乐的事，勇敢地面对挑战。学会熬过痛苦，学会爱这个世界。

希望你依旧敢和生活顶撞，敢在逆境里撒野，敢于直面生活，永远乐意为新一轮月亮的升起欢呼。

希望你继续兴致盎然地和世界交手，一直走在开满鲜花的路上。

有人生来就很可爱，有人怎么吃都不胖，

有人生下来就坐享其成，

但我希望你也有自己的超能力，比如不会被生活打败。

只要你不颓废、不消极，

一直悄悄酝酿着乐观、培养着豁达、坚持着善良、积蓄着努力，

那么生活给你的压轴惊喜，一定会在某个地方悄悄开花。

逃避虽然可耻，
但是有用

人生从来不止一条路，

选择的未必就是更好，放弃的未必会更糟，

没人规定非得在同一件事上死磕。

过了这个村，就换一家店。

人生永远有百种可能，而你也不必困在原地，

明智的放弃胜过盲目的执着。

1

前两天，大学同学乐丹从外地回来，约我见面。

乐丹毕业后去了北京一家创业公司，因为喜欢轻松的工作氛围和不那么刻板的公司架构。身边不少人都劝她，趁着"应届生"这个身份还吃香，不如去大公司。

但乐丹有自己的想法，一方面她给几家大公司投过简历，没有特别合适的职位；另一方面，她觉得大公司每个人分工明确，上升空间有限，未必能获得很好的提升。

在创业公司工作初期，乐丹的确很开心，上司很亲切，同事关系也简单，她每天都很自在。

但慢慢地，她看到了公司内部架构的一些混乱和发展的瓶颈，还有行业大环境的影响。她很迷茫，开始思考身边人说的话，也许他们是对的，她应该去一家大公司，大平台的眼界和格局还有学到的东西肯定会不一样。

机缘巧合，乐丹跳槽去了大公司。她负责国际业务，那段时间，总能看到她在朋友圈里晒各地的机场和深夜的酒店。

聚会时，她经常眉飞色舞地向我们描述公司的文化和价值观，毫不掩饰对大公司的崇拜和对高她几级职位的向往，想象自己和上司一样优秀就好了。

但父母并不支持她，他们认为互联网企业太不稳定，每天加班、熬夜、吃外卖，不如回家当老师。当然，还有父母定期的催婚。

我一直觉得乐丹很有主见，应该不会听父母的话。

没想到这次见面，乐丹说想辞职了。问及原因，是因为待久了发现，光环退去的大公司也没有想象中那么好，甚至以前很羡慕的上司也有自己的无奈和限制。

在大城市，一个人租房，吃饭不定时，熬夜是常态，周末也经常加班，常年日夜颠倒，真的很辛苦。

原来，生活是经不起细看的。

2

乐丹说："我以前不理解，抛开钱不说，为什么有的人在创业公司待不长，后来自己去了才知道，创业公司有它的局限性。后来，转去大公司，我不理解，这么好的平台和眼界，为什么手上持那么多股份的前辈会选择辞职或者自己创业。现在懂了，人各有各的瓶颈，待久了，才能看到这些局限。"

她接着又补充："我现在明白了，为什么很多人北漂、沪漂了一段时间，最后会回到家乡，因为折腾了一大圈才发现，回家才是最佳选择。那如果毕业就回家，何苦折腾这一回？"

还没等我说话，她又接连发问："是不是每个人都会后悔自己的选择，是不是每个人都会迷茫？"

问题太大，我一时无法回答，但可以肯定的是，越长大越发现，迷茫才是人生常态。

尤其进入社会之后，人生的难题从有明确答案的"选择题"，变成了没有明确答案的"开放式命题"，从此，再也没有按部就班的路可以走，只能自己硬着头皮打怪升级。

我亲眼见过一些人因为扛不住压力缴械投降，走上了一条根本不喜欢的路，虽然心不甘情不愿，但明确的结果让他们安心。就像乐丹说的：如果早听父母的话，很多苦根本就不用吃。

但她没有注意到的是，那些一开始就听话的人想的则是：如果当初没那么听话，现在会不会不一样？是不是会拿着优渥的薪水，出入高级写字楼，虽然加班出差是家常便饭，但也看过凌晨四点的伦敦/东京/巴黎，在飞机起降时，感觉自己的人生在发光。

3

每个人都在告诉你如何成功，却没有人跟你说失败了该怎么办。我们总是在走向未来时迷了路，却又不能停下脚步。

"不管你选哪条路，你都有可能后悔。"我以前不喜欢这样负能量的话，但现在想法变了，这太积极了。积极到立刻放下了很多包袱和压力，放下了很多患得患失和瞻前顾后，从此再也没有什么"如果"和"当初"。

很多人生决定都是"事后诸葛亮",很多事只有加入了时间属性,才会变得明晰。

到底该选择什么样的工作,其实不是工作本身的局限,你自己才是最大的变量,因为你在不断成长,你的年龄、心态、环境都在改变,没有一份工作能满足你从此刻直到二十年后的所有需求,每个阶段你想要的东西不一样了,每个阶段的自己也不一样。

我深信不疑,乐丹如果一开始就回家当老师,那么北京永远是她心里的白月光,迟早她也会"后悔"。

让人纠结的不是工作、不是城市,而是现在的生活到底值不值得。你内心深处最恐慌的是所谓的别人说,"你看,她折腾了半天,还不是……吗",这里的"……",可以填的东西很多,比如"回老家 / 没赚到钱 / 买不起房",也包括"单身 / 离婚 / 连孩子都没有"。

你不可能在很年轻的时候就看透一切,不然长大还有什么意思呢。不亲自试一试,内心永远会蠢蠢欲动。只有换过工作、换过行业、辞过职,才懂得各有各的局限性,否则无论别人怎么说,你都无法感同身受。

如果热爱现在的生活,那就继续努力;如果觉得现在所处的环境难以忍受,那就去别的地方。

没有方向的时候,就试着享受迷路。总要多走几条路,才能找到最适合自己的路。

4

人生从来不止一条路，选择的未必就是更好，放弃的未必会更糟，没人规定非得在同一件事上死磕。

有的人在哪里跌倒就在哪里站起来，有的人在哪里跌倒就在哪里趴一会儿，等四下无人时，再悄悄爬起来，绕路走，因为人生除了一个"哪里"，还有更多"哪里"。

你爱爬起来就爬起来，不爱爬起来就先躺一会儿，喘口气。

我累了，我躺一会儿；我迷茫了，我躺一会儿，完全没问题。

别把自己搞得紧张兮兮的，神经绷得越紧，断掉的时候就会越痛。

欲望和野心这些东西，是需要强有力的力量来支撑的。

如果你承担得了后果，大可以乘风破浪、勇往直前，不撞南墙不回头。但如果你已经筋疲力尽、气喘吁吁，没有能力再承担更大的打击和不好的结局，那就不要被自己的执念和别人的期待绑架。

坚强的人当然可以有选择直面的权利，但你也有脆弱的权利。

"明知山有虎，偏向虎山行。"这句话对不对呢，有时对，有时不对。什么时候对呢？如果你是武松，这句话就是对的。不然就快点逃吧。

有些勇敢或许不必践行，有些伤害也不必经历，有些念想需要放下。

你的"违和感"大多数时候都是正确的。"莫名觉得不爽""莫名看不懂""反正就是理解不了""感觉就是不对路""说不上来就是没意思"……当你出现了这些感觉,一定要多关注自己的想法,千万不要说一句"应该没事吧"打发自己。当你感觉哪里不对,你就应当马上打住。

虽然会有人说"不要逃跑""在其他地方也不行啊",无视这种话,这不是逃跑,而是朝不同的方向前进,因为它不适合你。待在不适合的地方才是让自己不快乐的原因。

人生半途的停留、片刻的休息,往往会带来长久的清醒。

慢下来不是浪费时间,因为只有你花时间去觉察自己是什么样的人之后,才能拥有让自己满意的生活。

5

没有人能逃得过"真香定律",上一秒还说这次一定要分手的人,下一秒就在朋友圈晒对象买的早餐;叫嚣着"这个年纪就定下来,真是太没劲了"的人,转头就闪婚闪育三年抱俩;愤恨地吵着嚷着要辞职的人,月月都是全勤。

我们都以为自己立下的誓言不会被打破,都以为自己选择的路就是最终选择，都以为自己会是活得最坚定的那一个人。不管什么困难、挫折和宿命，谁也别想改变我。

生活想把我揉烂压扁踩碎，我告诉生活钢铁是怎样炼成的。

但其实，大家都是普通人，也会在迷茫里摔跟头，懦弱地出尔反尔。

生活是没有标准答案的，偶尔出尔反尔并不丢人，那只是我们在修正自己生活运行的轨道。

这个人不爱你，你就离开爱下一个；这家菜不好吃，那就再选一家吃。该争取的时候好好争取，实在得不到也不气馁，撒手换方向就是了。

过了这个村，就换一家店。人生永远有百种可能，而你也不必困在原地，明智的放弃胜过盲目的执着。

世界如此广博，如果我们偶尔迷路偏离了正轨，那么因此而多欣赏一点风景又有什么不好呢？

当你看不清楚太远的路，不如听听内心的声音。生活就是走走停停，这和放弃无关。累的时候允许自己停一停，反而能拥有持续的动力，慢慢前进。

躺平并非最终目的。人活一世，就算不追求任何意义，也仍可积极地做些喜欢的事。我们只是用偶尔躺平来对抗外部压力和人云亦云,站起来之后,还是要朝着自己想去的方向前进。

对待迷茫和焦虑,放宽心吧。
如果今天不想加油了,那就明天再说吧。

不要做空心的人，总是等着别人来填满你，

他能给你一分的快乐，也能给你十分的难过，

这种患得患失又不可控的感觉太坏了。

要自己把自己填满，

要么用喜欢的东西，要么用热爱的事，

无论什么都好，总之遥控器要握在自己手里。

心怀浪漫宇宙，
也珍惜人间日常

蛋糕上的榴梿一定要留到最后一口，结果吃饱了，榴梿都不香了；
擦了粉底液，皮肤又干又痒，但也要坚持用完，无非是觉得丢掉了比较浪费；
新买的衣服舍不得穿，直到过季了也没找到穿的机会。

人生那么难，还要给自己制造困难考验自己，真的没必要。
一切好用的、好吃的、好看的，
都要在最好的时刻立刻享用，因为万事万物都有最佳赏味期。

1

因为有分别的时刻,在一起的日子才显得弥足珍贵。

前两天出差,在候车室等车时,看见不少学生模样的人,这才想起现在正是毕业季,大家都准备各奔东西了。

很多人应该是约好了同一天出发,只是奔向不同的终点。她们互相拥抱着说再见,看似有说有笑,但我分明看到她们都红了眼眶,强忍着不让眼泪流下来。

真好啊,突然撞见热气腾腾的一群人,那种洋溢着青春感的气质,眉眼间跳动的灵气和看向万事万物时眼里的光,每一次呼吸都是不一样的,连眼泪都是美好的。

时光一下把我拉回毕业离校那一天,离开时,我们都不约而同看了一眼住了几年的寝室,这里承载了太多美好的回忆。

然后,我们拥抱了彼此。我在心里做了无数次心理建设:千万别哭,千万别哭。

可一转身,我的眼泪就掉下来了。

当时心里只有一个念头:这应该是我们的最后一面了。

无论信息多么发达,其实我们心里很清楚,没有生活在同一个城市的人,毕业后再相见的概率真的不高。

很多的再见，其实就是再也不见。就像昨天我和我的头发"双子星"说再见，我们肯定不会再见啊！

在高铁上，我看着窗外的风景一幕幕闪过，就像这么多年，身边的人换了一批又一批。

人的成长，其实是"不断发现个人独特的经历原来都只是人类普遍经验的一部分"的过程。

地球正一点点地疏离月亮，早在 25 亿年前，我们便开始了漫长的离别。

长大后就会发现，没有人会全程参与我们的人生：生活在外地，每年与父母见面的次数屈指可数；当年朝夕相处的室友，如今只剩点赞的关系；曾经喜欢过的人，早已再次回到人海。

明明没有什么不可调和的矛盾，可事实就是，身边的每一个人可能都会在未来某一天从我们的人生中消失。

那些常年躺在通讯录里的人名，虽然没有落灰，但他们过得怎么样，完全不得而知。

偶然想联系，都找不到合适的开场白。没有生活交集，没有共同话题，生活就是两个镜头下的电影，正上演着截然不同的剧情，好像一开口就串戏了。

时间拉长的不是距离，而是聚与离。

但是，可以预见的离别也恰恰能让我们觉得，此刻还能肆意热聊的当下弥足珍贵。而那些好笑、默契和温暖的时刻，足够日后想起来，一遍遍回味和珍藏。

离别提醒我们要珍惜当下的每一刻。面对那些还可以被抓住的关系，要有意识地花一些时间和心思在对方身上。

无论是家人、喜欢的人，还是最好的朋友，或许迟早都要离开对方的人生。那么在此之前，就让这份陪伴尽可能地长一点吧。

生活其实归根结底就是五个字：珍惜眼前人。

2

出差回来之后，我还是感触良多，心情难以平复，决定约几个朋友在家聚聚。

去了家附近的花店准备买束花装饰房间。这家花店开了一年多，我还从来没光顾过，好像总能找到理由和它擦肩而过。

偶然想买花了，突然想到马上要出差，时间一长就枯萎了，先别买了；又想买花，一想到最近鼻炎发作了，还是减少花粉刺激，过段时间再买吧；终于决定下班就去买，结果正好顺路，同事直接开车把我送到家门口，又没买成……好像全世界合起伙来不让我买花似的。

这次可算成功了，精挑细选了一束玫瑰，回家又挑了个好看的花瓶摆上了。

第二天早起发现，几朵本来含苞待放的花骨朵都开了，看着那一束鲜艳动人、散发着芳香的花，瞬间心情就好起来了。

原来一朵花开的时间只需要一天，而我竟然等了一年多。

我很好奇，为什么我们总是喜欢等待，总是给等待寻找很多借口，赋予很多意义和价值，好像只有天时地利人和一道，生活才会有意义。

电影《遗愿清单》里说："我们不能总是想着等到我以后有了钱、有了时间，或者什么其他的条件成熟了以后，再去做一些我们早就想做的事情，因为你永远不知道你是不是一定能够看得到明天早上的阳光。"

听起来有点儿惊悚，可这就是现实啊，天气不似预期，凡事都有意外。

有特别想做的事、有喜欢的人，千万别等着、别耗着，去做、去喜欢、去表白。

没有什么成熟的时机，当下这一秒就是最好的时机。

蛋糕上的榴梿一定要留到最后一口，结果吃饱了，榴梿都不香了；擦了粉底液，皮肤又干又痒，但也要坚持用完，无非是觉得丢掉了比较浪费；新买的衣服舍不得穿，直到过季了也没找到穿的机会。

人生那么难，还要给自己制造困难考验自己，真的没必要。

一切好用的、好吃的、好看的，都要在最好的时刻立刻享用，因为万事万物都有最佳赏味期。

3

小时候我们常常被要求总结中心思想，长大后做事情常常也热衷于寻求"意义"，生怕浪费时间，觉得必须要实现自我，被世界看到、得到标签，才能获得快乐。

你以为很重要的事情发生了，生活会有什么不同，为这一天你等了一辈子，等你终于做完这一切，发现生活好像并没有什么不同。

电影《心灵奇旅》里女音乐家讲了一个寓言：

我听过关于一条鱼的故事，它游到一条老鱼身边说："我要找到他们称之为海洋的东西。"

"海洋？"老鱼问，"你现在就在海洋里啊。"

"这儿？"小鱼说："这儿是水啊，我想要的是海洋。"

永远有人更好，永远有风景更美，所以眼前人和景就是最好的。别置身大海还苦苦寻找海洋；别为了所谓梦想而忘记了生活本来的模样。

如果生活有意义，那是因为你身在其中。

就像经历了高压的复习备考，在试卷上密密麻麻写了三小时后终于走出考场；就像好不容易赶完了大项目，检查了三遍确保万无一失后走出深夜的办公室；就像终于搬完且布置好了新家，环顾四周还算满意，终于可以瘫倒在新买的沙发上……

如果你经历过就会明白，这种既虚脱又充实的疲惫真是一种莫大的幸福。

电影里，灵魂 22 号在地球一日游时对乔伊说："或许我的'火花'就是看看天空或者走路吧。"

乔伊当时对她嗤之以鼻，说："这些都算不上什么人生目标，只是最普通的日常而已。"

太多人跟你说要找到目标感，太多人跟你说使命、愿景、价值观……这可能是第一次有人对你说，目标没那么重要。我们向生活索要得太多，都忘了我们所度过的每一个平凡日常，也许都是连续发生的奇迹。生命本身已足够奢侈，你在享受或者浪费的其实已经是很多人的遥不可及。

目标、内驱力、梦想、成就、高光时刻、自我实现……这些都只是人生火花的一部分，最重要的火花是你对生命本能的热爱。

如何找到生命的火花，答案是：来人间一趟。

我们都曾以为理想的生活应该在别处，但总有一天你会明白，生活是否美好，取决于你拥有怎样的日常。

每天都要愉快地生活，不要等到日子过去了才找出它们的可爱之处，也不要把所有特别合意的希望都留给未来。

坂本健一说："活着，就是一个个无可替代的日子的积累。"

当你专心致志、全神贯注，无论何时何地、不论在做什么，不管是指挥一个乐队，或是剥一个橘子，正在做的这件事，就是应该做的事。

理发师用剃刀也能修出美好，造型师用针线也会缝补梦想。枝头掉落的树叶、街头鼓起的排风、地铁里忙碌人群中的歌声、商厦角落位置的比萨店，当你爱上生活的那一刻，就能找到激活生活的火花。

4

一个人能从日常平凡的生活中发现快乐，就比别人幸福。

前几天下班的路上，远远听到一个女生在搭讪一只流浪猫。

"猫猫，吃饭了吗？"说着，她蹲下，拿出一小把猫粮放在了小猫面前。小猫显然认识她，一点儿都不怕生，很放心的大口大口吃起来。

后来每次经过这里，我都会想起那个瞬间，并在心里偷偷感慨

"它在被温暖地爱着"。这个温暖的片段持续地治愈着我。

我们可能会被生活"蹂躏",但这些美好的小瞬间却总能给我们力量,生活中细碎的开心和期待总能接住下坠中的我们。

能被"爱"小心翼翼地托住,是最幸福的事。

在平庸麻木的日常生活中我总会提醒自己,记住被小猫依恋的时刻、被恋人想念的时刻,记住那些"被爱托住"的珍贵时刻。

所谓的日常,正是这些不起眼却闪着光的温暖片段串联起了我们的生活,照亮了无数个灰暗的日子。

人与人之间确实存在着一条看不见的线,我们与亲人、恋人、陌生人,以及整个宏大世界相互连接着、拉扯着,或轻或重地托着彼此。

霍金说:"正是因为你爱的人住在这里,宇宙才有了意义。在短暂无常的一生中,去仰望宇宙星空,好像是渺小的我们去感受爱,以及接近永恒的一种方式。"

愿你心怀浪漫宇宙,也珍惜人间日常。

你要相信,会有好事托住你,会有人爱你,
让你足够爱这个世界。
如此,平淡的一天,也值得高呼万岁。

你的爱很珍贵，

不要与差点意思的人和事周旋，

这样当你回忆起自己的热爱之物，

一些美好的感觉会在你心口仍有余温，

你想到的是快乐和幸福，

而不是昏天黑地的悲戚和不幸。

为了想要的生活，
要努力呀

你勤奋充电、你努力工作、你保持身材、你对人微笑，

这些都不是为了让别人刮目相看，

而是为了扮靓自己，照亮自己的内心；

是要告诉自己：我是一股势不可当的向上的力量。

1

李可怡在床上摆了一个大字,盯着墙上的油画,心满意足地笑了。随着这幅油画被固定,李可怡的新房子彻底收拾妥当。

在装修和收拾房子这段时间,李可怡以肉眼可见的速度迅速瘦下去,比之前她刻意减肥效果好多了。

交了房子的首付,手中积蓄所剩无几。

装修方面,除了自己无法完成的工作,其他零零碎碎的都自己来。饿了,就坐在行李箱上吃泡面;累了,就往地上一躺。我和吴双双也会去帮忙,吴双双成了收纳达人,而我成为一名光荣的粉刷匠。什么布置厨房、刷门,通通难不倒我们,一间空荡荡的房子被一点点布置得满满当当的。

当初很多人反对她买房,准确地说是不相信她能成功。但他们太不了解李可怡了,她是如此倔强和不服输,又是如此坚定和义无反顾。

她进公司没多久,就被擢升为业务小组的组长,组员都在背地里议论她。

年龄大、资历深的员工说:一个小姑娘才工作多长时间啊,就当组长。

年龄和她差不多的也不服气:凭什么,她刚来就当组长,休想管我。

李可怡并非不知道组员怎么说她，偶然会很伤心，但大多数时候，她没有时间在情绪上纠结，刚接手的工作千头万绪，一刻都不能松懈。

有一次部门聚餐，结果因为食材不新鲜，全体拉肚子了。严重一些的连夜在医院打点滴，症状轻的也基本都虚脱了。

关键是，他们小组明天要和一个重要客户谈合作。

晚上，李可怡躺在床上，思绪万千：真的被别人说中了吗？我真的不是当组长的料吗？第一次负责这么重要的合作，竟然全组人都病倒了……

第二天，她勉强爬起来，给所有组员发了消息，让他们好好养病，她自己去谈。这也意味着，如果谈判失败了，她要一个人承担责任。

组员们都为她捏了一把汗，这么重要的合作，一个人，还是一个病人，怎么可能撑下来！

现场也确实很惊险，算上一把手，对方一共六个人，看她单枪匹马，就互使眼色。

对方你一句我一句，李可怡根本插不上话，有那么一瞬间她都蒙了，但一想到全组的希望都系在自己身上，生生又把她从晕菜的边缘拉回来了。

之后彻底开挂了，唾沫横飞，舌战群儒，直接说到对方词穷。

对方一把手看她直冒汗，还笑她："小李啊，你可真行啊，把自己都说冒汗了。你们公司也真是的，就不舍得多派几个人来吗？"

李可怡将情况如实相告。

对方很惊讶："小李啊，你也太拼了，早点说，我们改期就好了。"

"郭总，您那么忙，我这点小事就不另外再浪费您时间了。只要结果是好的，都没关系。再说我们公司特别重视这次合作，也特别有诚意，希望您能给我们一个机会。"

对方被她彻底整没脾气了，最后也没提什么为难的要求，顺利签约。

回公司汇报时，她说这是全组人共同努力的结果，结果整个小组都得到了表扬。

从此，行业内多了一个叫"小李"的人，大家都知道小李这人很靠谱，和她合作不会有问题。

小组内部，大家对她的称呼变成了亲切的一声声"可怡妹妹"或"李姐"；"李姐"要往东，没人会往西。

而对我们来说，她依然是那个美貌与智慧并存，虽然精打细算到抠门，但对朋友绝对够义气的李可怡。

所以，当下的你每一个想要努力、不想放弃的念头，都可能是未来的你，在向现在的你发出的邀约。

接收到邀约信号就要赶紧行动起来。人生不是做菜，别等着什么都齐全了再下锅，等到你什么都准备好，锅可能就凉了。

你人生的转机没有时间懊悔、没有时间假设，你余下的人生，就是要好好经营自己，努力把曾经以为的"不可能"变成"可能"；把以为的"做不到"变成"做到了"；把以为的"做不好"变成"做好了"。

2

我和吴双双相约一起去李可怡家，庆祝她乔迁之喜。

之前虽然也参与了装修工作，但作为客人走进来，感觉还是不一样，夸张点说，在我们的共同努力下，怎么还装成了豪宅的效果呢！

李可怡张罗了一桌子大餐招待我们。

酒足饭饱，我们都略有醉意，吴双双对李可怡说："李可怡，你行啊，现在也是有房子的人了。"

"承让，承让，全靠你们帮忙。"

"你可是跟以前不一样了。"吴双双看着她说。

"可不是嘛，现在是业主了。"我借机取笑她。

李可怡要过来抓我，我奋力躲避，甩掉了头发"蒂凡尼"，真是自作自受。

吴双双不理会我们的打闹，继续说："变得更稳重更成熟了。以前你总是很急躁，现在装修房子那么耐心，还不嫌麻烦给我们做饭，换作以前，估计两个面包就打发了。"

我听完这番话开始狂笑，她确实能做出给我们一人买一个面包这种事。

李可怡在一边欲哭无泪。

吴双双止住了笑，对她说："逗你的，你变得更好了，真的，我们都为你高兴。"

我疯狂点头。

李可怡眼睛红红的，还开始抹眼泪了。

我和吴双双慌了，说："你干吗呀，不是开玩笑吗，怎么哭了呢？"

"不是，不是因为那个，感觉像做梦一样，很不真实。这几年，我都要失望了，有时充满信心，觉得一定可以买到一套属于自己的房子，有时又觉得这辈子都不可能了。"

我安慰她："最难熬的时候你都经历过了，再没什么可怕的了。"

什么是最难熬的时候？

是从学校过渡到社会，还没上岗就被告知临时合同无效，对第一份工作的美好希冀全部烟消云散的时候；是在一起三年的男友选择分手，说是无法抵抗异地恋的折磨，结果三天后就宣布又有了新女友的时候；是自己口袋空空，还要在父母面前假装一切都好的时候；是当自己特别累，想要休息，却发现身后空无一人的时候……

大概每个人都会经历这种难熬的时刻，等你把这些事都熬过去，就会变成另一个人。

什么山重水复、柳暗花明，全都是努力之后的结果，不然一直是悬崖末路。

落实到成长、事业、爱情，这些生活中举足轻重的部分，一点点侥幸心理都不要有。努力未必都会带来幸运，但越努力，就越不用那么依赖于好运气。

《海贼王》里说："人生中有些事你不竭尽所能去做，你永远不知道你自己有多出色。"

别指望别人，要亲自上阵，要学会坚定地朝着自己想要的东西奔跑。

要相信，前面的景色更好、前面的人更适合你爱、前面的你会是崭新的、前面的人生比现在的更加值得拥有。

3

人为什么要努力？

我从来不相信学霸真的不用学就能考好，从来不相信"摸鱼"就能做到管理层，也从来不相信什么懒洋洋的自由。

我相信一万小时定律，相信一切暂时的好运都会因为没有实力来托底而露馅，也相信真正有价值的自由是通过勤奋和努力实现的更广阔的人生。

我相信，若要"白毛浮绿水"，必先"红掌拨清波"。水中的天鹅看似很优雅，其实小脚丫在水底可挺忙乎。

我始终相信,世界上的万事万物都是需要努力才能得到。

想要结交的朋友、想要实现的梦想、想要的理想生活、想要守护的人、要将喜欢的一切留在身边……你真正想要的没有一样是可以轻易得到的,这就是你努力的理由。

有些努力今天付出,可能明天就能获得回报;而有些回报要经过数年甚至并没有"回报"。容易的事情做起来是快,但人的满足感有时候反而是来自于一些需要长期完成、付出了很多精力的事情。

对于一些事情来说,时间就是硬性条件。

让-亨利·法布尔在《昆虫记》里描述过蝉这种生物:

四年的地下苦干,换来一个月在阳光下的欢乐,这就是蝉的生活。我们不要再责备成年的蝉儿发狂般地高唱凯歌了。整整四年,它在黑暗中穿着坚硬的肮脏外套;整整四年,它用足尖挖掘着泥土;终于有一天,这位满身泥浆的挖土工穿上了高贵的礼服,插上了能与鸟儿媲美的翅膀,陶醉在温暖中,沐浴在阳光里,享受着短暂的欢愉。

无论它的音钹有多响,也不足以颂扬如此不易、如此短暂的幸福。

如果当下你在做的一些事情还没能给你很好的反馈,说明你还处在努力的过程中,需要再等一等。天底下没有平白无故的得到,那每往前走一步,就意味着离想要的生活更近了一点。

平凡生活里不存在太多改天换日的戏剧性时刻，日复一日坚持改进的力量虽小，但能坚持下来，积累的效果足以在若干年后惊人。

有的人能在几年后让人大吃一惊，有的人会让人大惊失色，其实都是过往结果的总和。

这样也很好啊，证明你所有的努力都不会白费，哪怕现在觉得有一点孤单和沮丧也不用觉得气馁，因为你想要的一切，也正在奔向你的路上，而你要做的，就是保持努力、保持期待。

去学习，去变好，去炼成自己的生活态度和法则。不吃不喜欢的食物，不穿将就的衣服，爱一个"还不错"的人，拒绝所有"差不多就行"的言论。

你要足够认真，非常努力，要向着想要的生活使劲跑，要拼到一想到委曲求全和逆来顺受就好像被自己戳了一刀，你要有绝不忍心亏待自己的绝不退让。

你要保持内心不失控、生活不失序，要为自己谋求更多的选择权、储蓄更多的安全感，去过属于自己的人生。

你勤奋充电、你努力工作、你保持身材、你对人微笑，这些都不是为了让别人刮目相看，而是为了扮靓自己，照亮自己的内心。

是要告诉自己：我是一股势不可当的向上的力量。

生活会给我们使绊子,也会落下好福气。

要学会捕捉每一件小事带来的幸福感,

在拥有爱的时候妥帖被爱,在追逐的时候学会勇敢和真诚。

希望我们都能降低烦恼在自己身上的影响力,

努力感受那些好福气。

今天已经溜走了，
坏情绪不要带进梦里

今天做了件"烂事"，明天不要做；今天当了个"烂人"，明天不要做这样的人。

今天自己懒惰了，明天要更加勤快点；今天自己拖延了，明天马上开始行动。

不管这一天有多难过，

记得认真卸妆、洗脸、冲澡，吹干头发，安安稳稳钻进被窝。

床就像一个胶囊，时光"嗖"一下，就带你到一个明亮的早晨。

明天总是会有好事发生的，如果没有，就自己做一件。

1

人生总有那么一段时间，会焦虑到没有办法和自己和解。

最近，我在工作上遇到了一点小难题。焦虑的毛病又犯了，以至于本来信心满满做了一半的策划案，现在觉得不行了。亏我之前还一直跟宝莉吧吧呢，结果现在深陷自我怀疑中。

就像王尔德在《W.H.先生的画像》里说的："在劝说别人相信某种理论的过程中，劝说者自己会在一定程度上失去相信这种理论的能力。"

没错，说的就是我，现在每晚夜不能寐，担心策划案的不合理性。

这天下午茶时间，我溜去"午间饭堂"买咖啡，正好看见何岚姐姐也在，就过去坐了一会儿。

她还问我，怎么这个时间跑出来。我把最近的困扰和盘托出，说不知道是该继续，还是重新开始。

"以我个人经验，直觉这个东西有时候挺准的。"何岚姐姐一语戳中要害。

"重新开始太难了，一想就头大。"真的，为了这事，我的头发"芭芭拉"也离我而去了。

何岚姐姐看我愁得那个样子，还不停安慰我。

这时老板武哥过来上咖啡，还送了我一块小点心，感谢我来他店里"摸鱼"。

他走之后,何岚姐姐看着武哥的背影,问我:"你猜武哥以前是干什么的?"

"总不能真是练武术的吧,哈哈,开玩笑的。武哥这手艺,肯定是从很小的时候就开始精心钻研厨艺的,或者天赋异禀也不是没可能。"

何岚姐姐摇摇头,说:"他以前是老师。"

我很惊讶,以前倒是觉得武哥那种深邃的眼神肯定是个有故事的人,但谁能想到现在做得一手好菜、冲咖啡还那么好喝的人,以前是一名光荣的人民教师呢。

厨师和老师,虽然都是师,但是感觉中间隔了整个银河系。

武哥的厨师之路,始于老师之路的失败。

大学毕业时,父母让他去当教师,他就去了。

几年之后,一次偶然的机会,他看到一部讲述名厨心路历程的纪录片,内心为之一振,脑子里有个声音告诉他:我要当厨师。

他到处拜师学艺,给大厨打下手,乐此不疲。从他店里菜式推陈出新的速度来说,他是真的喜欢当厨师——菜品经常创意十足,就没听过有人说不好吃。

没有人规定人生的追梦之旅只有一种方式,如果在一个地方没有实现,那就换一个。人要找到自己真正的热爱,才不会后悔。

重新开始,有时候不是以失败告终,而是在失败中开出新的花。

米其林大厨的手艺我也有幸尝过几次，更加觉得武哥的手艺完全不输。

好的手艺和口碑是最好的宣传，店里的顾客越来越多，到饭点还要排队。有人劝武哥开分店，还有几次投资人直接来找武哥想要注资。武哥总是拒绝，说喜欢守着自己的小店。

后来，那片区域要拆迁，武哥就搬到了现在这个地方。一切又重新开始，但老顾客都跟来了，像我这样的，也都成了老顾客。

相比于老店，新店的地段没那么好，但安静舒适，有种曲径通幽的感觉，这也是很多人喜欢这里的原因，能得到彻底的放松，就像闹市里的一个乌托邦。

店里有一款特殊的饮品，叫"绿蚁红泥"，取自白居易《问刘十九》里的"绿蚁新醅酒，红泥小火炉。"每个人在自己的会员日当天都会获赠一杯，寓意老朋友又相聚一年。

有人追名逐利，想要更多；也总有人远离浮华，不忘初心，去追寻自己真正想做的事，去追寻一种纯粹。

重新开始，有时候不是认输，而是主动选择自己真正想要的。

有的人，经历多次巨变，也能重新开始；而有的人，被小小的策划案牵制了手脚，连重写的勇气都没有。

我可真是……算了，我决定重写了。

生活中不会总遇到这种跌宕起伏的剧情，未必会经历职业的重大转变，未必会经历重大身体损伤，也未必会经历重新选址开店。我们遇到的可能是失恋、失业、失去，甚至是更微小的事情。

年轻时总觉得，眼前的每一道坎都是天大的事情，但放在时间的长河里就会发现，所有事情都是有意义的。时间的力量会把我们经历过的一切都变成发光的回忆。

2

没人喜欢"重新开始"，那常常意味着对过去的全盘否定。

小时候最讨厌作业写了一大半却不小心被墨水弄脏了，要重写一遍。

长大后最讨厌工作都做到了尾声，却被通知客户不满意，还是重新再来吧。

恋爱也是如此，和一个人在一起几年却分手了，很久都无法再爱上一个人。

重新开始，是一件让人又爱又恨的事情。但反过来想，还能重新开始，那不是恰恰说明还有机会吗？

偶尔我们会想要一个新的开始，但手头的事情已经足够焦头烂额了，你要不停地处理一些旧的事情，甚至还要跟自己身上的那些坏毛病做斗争。

其实，你不必非得跟过去做个切割才能往前走，因为人类每天都在进行着最小级别的"重新开始",每一天都是一个新的开始,不是吗?

一个人什么时候最容易觉得自己是一个"烂人"呢?就是每天晚上躺在床上的时候。

想起今天因为懒而拖到最后一刻也没有完成的事、想起今天那些本可以做得更好的事情、想起今天留下的所有遗憾,真的不想结束这糟糕的一天。

如果你是因为没有生活目标找不到人生意义、内心空虚而没有勇气结束这一天,那你应该明白,即使熬了一个通宵,也未必会有所改观。

如果你是因为这一天过得浑浑噩噩有几分愧疚、几分懊恼而不愿结束这一天,那就更不必了。过去的就让它过去,不要在这么简单的道理上纠结徘徊。

真正该做的是勇敢跨过这一天,让那些糟糕的、不愉快的事赶紧结束。就像日落,它是如此壮观又充满希望,那是宇宙在提醒你,即使是最黑暗的日子,也能以最美好的方式结束。

三毛说:"今日的事情,尽心、尽意、尽力去做了,无论成绩如何,都应该高高兴兴地上床恬睡。"

今天做了件"烂事",明天不要做;今天当了个"烂人",明天不要做这样的人。今天自己懒惰了,明天要更加勤快点;今天自己拖延了，明天马上开始行动。

今天已经溜走了，坏情绪不要带进梦里。

最艰难的时候，别老想着太远的将来，只要鼓励自己熬过今天就好。"过了今天"是解决一切难题的咒语。

不管这一天有多难过，记得认真卸妆、洗脸、冲澡、吹干头发，安安稳稳钻进被窝。床就像一个胶囊，时光"咻"一下，就带你到一个明亮的早晨。

闭上眼睛，清理你的心，过去的就让它过去。睡前原谅一切，醒来便是新生。

明天总是会有好事发生的，如果没有，就自己做一件。

3

"如果你想拥有一个美好的一天，就必须有一个好的开始。"这是朋友吴双双最爱说的话。

一觉醒来会有两种结果：一是人间值得，未来可期；二是生不如死，赶紧毁灭。她是前者，我是后者。

吴双双对早起的执念具体表现在看日出上，对她来说，日出意味着新的开始，所以她隔三岔五就要去看日出。这不，我睡眼惺忪地被她带出来看日出，脑子里只有一句话：鸡都没起这么早。

那天，我只觉眼睛酸涩，真想倒地不起，而且周围那么暗，太适合睡觉了。

突然，远处的天空射出了橙色的光，光色很弱，周围还是很暗，但那橙色的光照亮了我。慢慢地，天边一点点变成了金黄色，周围也跟着亮起来了，我看到颜色各异的小花，星星点点，装饰着温和的淡黄色的草地。

远处的天，一丝丝，一抹抹，一层层，一片片，全是金黄的云霞，稀稀疏疏布满了天空，而太阳慢慢露出了脸，一点点，一点点，鼓足了劲，突然，努力往上一跃，天空顿时金光灿灿。

那一刻我宣布：我与地球重归于好了。

美国作家梭罗在《瓦尔登湖》里提出一个很深刻的概念："黎明的感觉。"

每天醒来，地球依旧会转，太阳仍会升起，昨天成为过去，今天是新的一天，要用黎明的感觉来重新感觉这个世界。

明早起床，你试试用第一次看周围世界的眼光，就会有新的视角、新的发现、新的感受，会有新生的感觉，一种仿佛婴儿的状态，长期保持下去，就会怀有一颗赤子之心。

一觉醒来，花都开了。只要希望尚存，就会有美好的事情发生。

祝你每天都能"万事胜意",如果说万事如意是尽人意,那万事胜意就是所有事情比期待的还要更美好一些。

祝你总能遇到美好的事情正在发生,世界偶尔偏爱你,每件事都能给你超过预期的满意,总能心想事成并收获意外惊喜。

希望每天早上醒来的你,能发自内心地对自己说:"今天真好啊!"